融合型·新形态教材
复旦社云平台　fudanyun.cn

U0730951

普通高等学校学前教育专业系列教材

婴幼儿营养与配餐

丁春锁　孙　莹　主编

复旦大学出版社

内容提要

本书内容包含婴幼儿生理发育特点、常见食物营养价值、食品安全等营养基础知识，又有烹饪方法、食谱的编制、婴幼儿膳食调查与评价等实际应用知识，还添加了婴幼儿常见疾病的食谱制作和常见营养问题及处理，具有一定的实际指导意义。本书中每章都有知识要点和思考题，并附有相关资料链接和案例，特别增加了婴幼儿食谱制定的实例，为家庭及幼儿园进行婴幼儿食谱编制提供了参考价值。

本书旨在培养能在托幼机构、早教中心、社区等从事营养膳食管理、营养指导及幼儿健康教育的具有一定婴幼儿营养保健理论知识和实践操作能力的实用型人才。同时，对家庭的合理营养、膳食和配餐，也有一定的参考作用。

复旦社云平台
数字化教学支持说明

为提高教学服务水平，促进课程立体化建设，复旦大学出版社学前教育分社建设了"复旦社云平台"，为师生提供丰富的课程配套资源，可通过"电脑端"和"手机端"查看、获取。

🖥 【电脑端】

电脑端资源包括 PPT 课件、电子教案、习题答案、课程大纲、音频、视频等内容。可登录"复旦社云平台"（www.fudanyun.cn）浏览、下载。

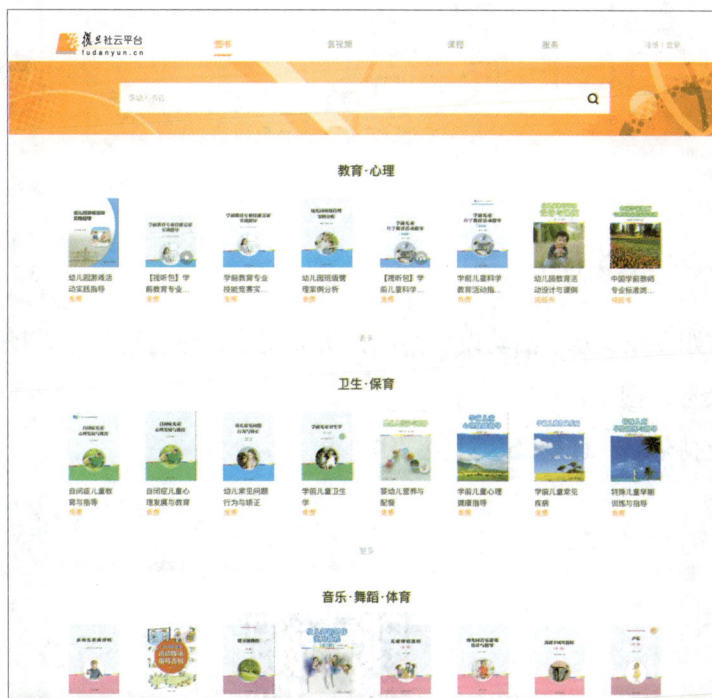

Step 1 登录网站"复旦社云平台"（www.fudanyun.cn），点击右上角"登录/注册"，使用手机号注册。

Step 2 在"搜索"栏输入相关书名，找到该书，点击进入。

Step 3 点击【配套资源】中的"下载"（首次使用需输入教师信息），即可下载。音频、视频内容可通过搜索该书【视听包】在线浏览。

【手机端】

PPT 课件、音视频、阅读材料：用微信扫描书中二维码即可浏览。

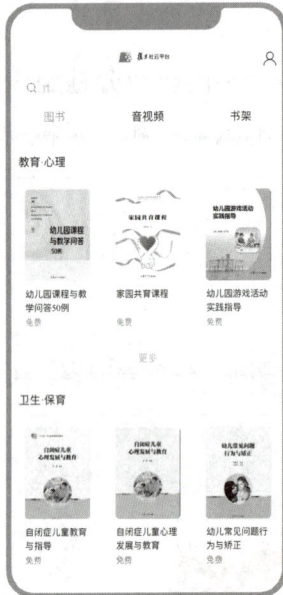

扫码浏览

【更多相关资源】

更多资源，如专家文章、活动设计案例、绘本阅读、环境创设、图书信息等，可关注"幼师宝"微信公众号，搜索、查阅。

平台技术支持热线：029-68518879。

"幼师宝"微信公众号

婴幼儿营养与配餐

编写人员

主　　编　丁春锁　孙　莹

副 主 编　李俊祺　谭梦月　李香娥

编　　者（按姓氏笔画排列）

丁春锁　王　娜　付红珍　孙　莹　李香娥　李俊祺

林　超　虎艳鸿　梁春娟　谭　文　谭梦月

参编学校　苏州幼儿师范高等专科学校

贵阳幼儿师范高等专科学校

广西幼儿师范高等专科学校

徐州幼儿师范高等专科学校

铜仁幼儿师范高等专科学校

上饶幼儿师范高等专科学校

银川市第一幼儿园

前言

第五次中国居民营养与健康状况监测数据显示：儿童青少年生长发育水平稳步提高，与2002年比，儿童青少年生长迟缓率和消瘦率有所下降，降幅分别为25%和14%。但是由于钙、铁、维生素A等微量营养素摄入不足，畜肉类的消费量过高，油脂的消费量超出人体的需要，造成儿童青少年超重肥胖率持续上升。10年来，儿童青少年超重率由2002年的8.5%增加到11.0%，肥胖率由4.4%增加到7.7%，增幅分别为29%和75%。使与之相关的慢性病的发病率更以惊人的速度增长，对婴幼儿健康的威胁更加突出。因此，社会对营养配餐知识的需求，尤其是婴幼儿营养与配餐的知识与日俱增。

在《3～6岁儿童学习与发展指南》的指导下，为培训婴幼儿营养配餐，我们编写了《婴幼儿营养与配餐》这本教材，旨在培养能在托幼机构、早教中心、社区等从事营养膳食管理、营养指导及幼儿健康教育的具有一定婴幼儿营养保健理论知识和实践操作能力的实用型人才。同时，对家庭的合理营养、膳食和配餐，也有一定的参考作用。本书也可作为学前教育专业和幼儿保健专业的教材。

本书由丁春锁、孙莹主编，孙莹、李俊祺负责统稿工作。本书共分为十章，包括婴幼儿生长发育特点及体质检测(李俊祺)、婴幼儿营养需求(谭梦月)、婴幼儿食物选择(孙莹)、婴幼儿食品安全、中毒及预防(付红珍)、婴幼儿科学喂养的原则与方法(谭文)、婴幼儿营养食谱的制定方法与实例(虎艳鸿)、婴幼儿营养餐的烹饪要求(李香娥)、婴幼儿常见疾病的食谱设计(梁春娟)、婴幼儿常见营养问题及其处理(林超)、婴幼儿膳食调查、计算与评价(王娜)。既有婴幼儿生理特点、常见食物营养价值、食品安全等营养基础知识，又有烹饪方法、食谱的编制、婴幼儿膳食调查与评价等实际应用知识，还添加了婴幼儿常见疾病的食谱制作和常见营养问题及处理，具有一定的实际指导意义。本书中每章都有知识要点和思考题，并附有相关资料链接和案例，特别增加了婴幼儿食谱制定的实例，为家庭及幼儿园进行婴幼儿食谱编制时提供了参考价值。

本书在编写过程中，参考、引用了大量国内外著作、文献和网络资料，未能一一说明，在此恳请原作者见谅，并向所有参考资料的作者表示衷心的感谢。

由于编写知识和经验有限，加之编写时间仓促，本书难免有不足、错误、疏漏之处，恳请各位专家、同行和广大读者批评指正，以期进一步改善。

目录

第 一 章

婴幼儿生长发育特点及体质检测

- 了解生长、发育、发育成熟的概念及儿童年龄阶段的划分
- 掌握婴幼儿生长发育的规律及影响婴幼儿生长发育的因素
- 掌握婴幼儿生长发育的评价指标及测量

第一节　婴幼儿生长发育概述

一、生长、发育及发育成熟的概念

生长是指细胞的繁殖和增大,表现为组织器官大小、长短、重量的增加。发育是指组织器官在结构和功能上的改变。发育以生长为基础,生长是量的增加,发育是质的变化。发育成熟是指发育过程达到一个比较完备的阶段,标志着个体在形态、生理、心理上全面达到成人水平。

二、儿童年龄分期及其生长发育特点

根据儿童解剖生理特点,一般将儿童生长发育划分为6个阶段。

（一）胎儿期

从受孕到娩出前的280天约40周,称为胎儿期。

胎儿期特点是胎儿完全依赖母体生存,组织器官正在形成,母体的身体和生活状况对胎儿健康影响较大。胎内3个月称胚胎期,各系统器官在这期末几乎都已分化形成;中间3个月为内脏发育更趋完善时期;后3个月为四肢发育更加迅速的时期。应注意孕期保健工作。

（二）新生儿期

胎儿娩出到刚满28天称为新生儿期。

新生儿期的主要特点是小儿从胎内依赖母体生活转到胎外独立生活,面临内外环境巨变,适应性差,死亡率高。应注意新生儿期保健,加强护理,如保暖、喂养、消毒、清洁卫生等。

（三）婴儿期

从出生第29天到1岁称为婴儿期。这是小儿出生后生长发育最迅速的时期。身长在一年中约增长50%,体重增长约2倍。脑发育也很快。1周岁时,动作水平已达到能坐、会爬并开始学走,能主动接触周围事物、能听懂一些简单的话,能有意识地发几个音。营养以母乳为主,并逐渐添加辅助食品。母乳是婴儿最好的食品,应大力提倡母乳喂养。由于生长迅速,对营养素和能量的需求相对较大,但消化功能尚不完善,容易发生腹泻和营养不良,应及时添加辅食。至5、6个月以后,来自母体的免疫力逐渐消失,抵抗力较差,易患传染病,应及时进行各种免疫接种。

（四）幼儿期

1～3岁为幼儿期。此期的主要特点是身高、体重的增长减慢,中枢神经系统的发育加快。由于生活范围的扩大,接触周围事物增多,促进了动作、语言、思维和交往能力的发展,智能发育较快;对外界危险事物识别能力不足,容易发生意外创伤和中毒等事故。同时,由于幼儿此时的免疫力仍然较低,容易患传染性疾病。这一时期由婴儿食品逐步过渡到普通食物,同时又是饮食习惯形成的重要时期,所以对于他们的食物营养应特别关注。

（五）学龄前期

3～6岁为学龄前期。幼儿身高、体重发育减慢,但四肢增长较快,神经系统发育也仍然较快,智能发育进一步增强,有很强的求知欲、好奇心,多问,好模仿;运动的协调能力不断完善,能从事一些精细的手工操作,也能学习简单的图画和歌谣。这些为学前教育和小学教育奠定了生理基础。

第二节　婴幼儿生长发育的规律

一、婴幼儿生长发育是由量变到质变的复杂过程

人体从孩童到成人经历了复杂的变化过程,从不显露的细小的量变到根本的质变,这种变化不仅表现在身高、体重增加,还表现为全身各个器官也逐渐分化,功能逐渐成熟。婴幼儿生长发育的量变与质变常常又是同时进行的,如随着大脑体积的增大、重量的增加,大脑皮质的记忆、思维、分析等功能也在不断发展和完善。

二、婴幼儿生长发育有一定的程序性

婴幼儿生长发育的程序性表现为既有阶段性又有连续性。婴幼儿生长发育是有阶段的,每一个阶段都有其独有的特点。但是,各阶段又是联系的,相互衔接,不能跨越。前一阶段的生长发育为后一阶段奠定必要的基础,任何一个阶段的发育受到阻碍,都会对后一阶段的发育产生不良影响。婴幼儿先学会抬起头来,再学会坐,学会站,然后才能学会走,这些动作的产生是有时间顺序的,不能违背这一顺序来

"发展"孩子的动作,否则会影响婴幼儿的正常生长发育。

三、婴幼儿生长发育的不均衡性

(一)生长发育的速度不不均衡

婴幼儿生长发育的速度不是直线上升的,而是快慢交替进行,因此生长发育的曲线呈现波浪式。以身高、体重为例,儿童出生后第一年生长速度最快,身高比出生时增长50%,体重增长为出生时的3倍。第二年增长速度逐渐缓慢下来,到青春期时,又出现第二次突增高峰。

(二)身体各部的生长速度不均衡

在生长发育过程中,身体各部的生长速度不同,因而身体各部的增长幅度也不一样。每一个健康的儿童在迈向身体成熟的过程中,头颅增长了1倍,躯干增长了2倍,上肢增长了3倍,下肢增长了4倍(见图1-1)。从人体整个形态上看,则从新生儿时期的较大头颅、较长的躯干和短小的双腿,逐步发展为成人时较小的头颅,较短的躯干和较长的双腿(见图1-2)。

图1-1 新生儿及成人身体各部分发育的比率

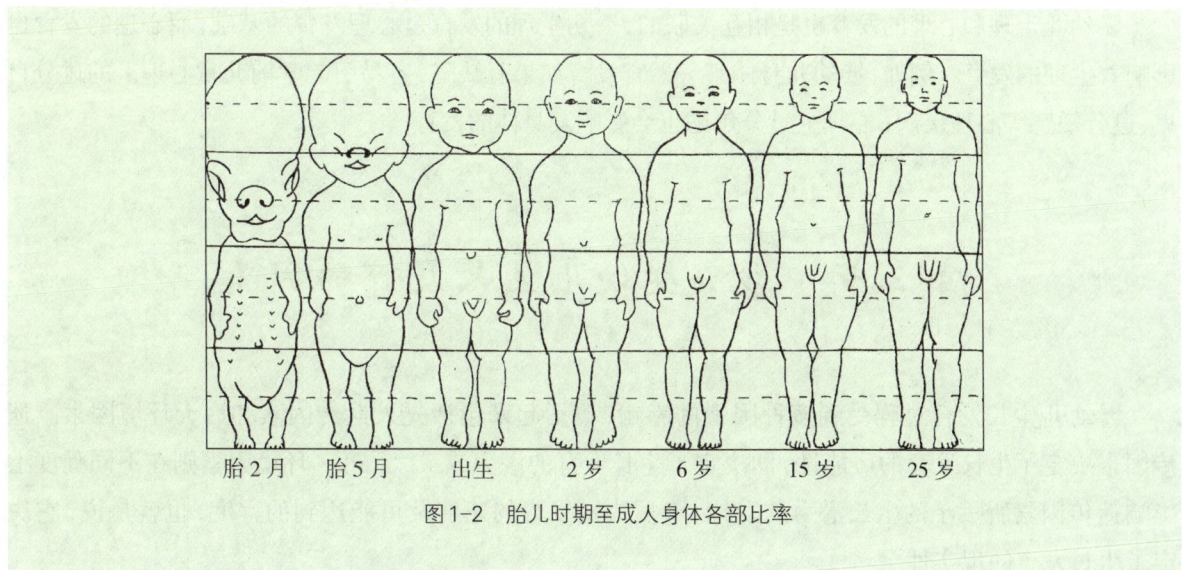

图1-2 胎儿时期至成人身体各部比率

(三)各系统的生长发育不平衡

人体各个系统的发育也不是同时进行的。表现为有的系统发育较早,有的系统发育较晚;同一系统在不同时期的生长发育的速度也是不一样的。神经系统发育得最早,幼儿6岁时脑重量已达到成人的90%;呼吸、消化系统的发育与身高、体重的增长很相似,呈波浪形;淋巴系统的发育也比较早,10岁左右达到高峰,10岁以后淋巴系统中的个别器官逐渐退缩;生殖系统在幼儿时期几乎没有什么发展,进入青春期后才会迅速发育(见图1-3)。

四、婴幼儿生长发育的个体差异性

生长发育有其一般的规律，但每个儿童生长发育又有自身的特点。由于先天遗传以及后天环境条件的不同，个体在整个生长时期都存在着广泛的差异，呈现出高矮、胖瘦、强弱、智愚的不同。先天因素决定小儿发育的可能性，后天环境条件为小儿发育提供了现实性。应当为儿童积极创造良好的后天环境条件，充分发挥每个儿童的遗传潜力，使他们尽可能发育到他们可能达到的水平。

五、生长发育的相互关联性

婴幼儿身体各系统器官的发育不是孤立的，人体是一个完整的统一体，各个器官系统的发育是密切相关的，某一系统器官的发育可以促进其他系统器官的发育；反之，会阻碍其他系统器官的发育。例如，循环系统发育的好坏直接关系到神经系统、运动系统的发育。

婴幼儿生理和心理的发育也是相互关联的，一切生理的发育是心理发育的基础，而心理的发育也影响着生理的发育。例如，婴幼儿身体某一器官发育如果有缺陷，容易引起学前儿童心理上的过分自卑、过分敏感等心理疾病；心理上过分焦虑也会影响其身体的发育。

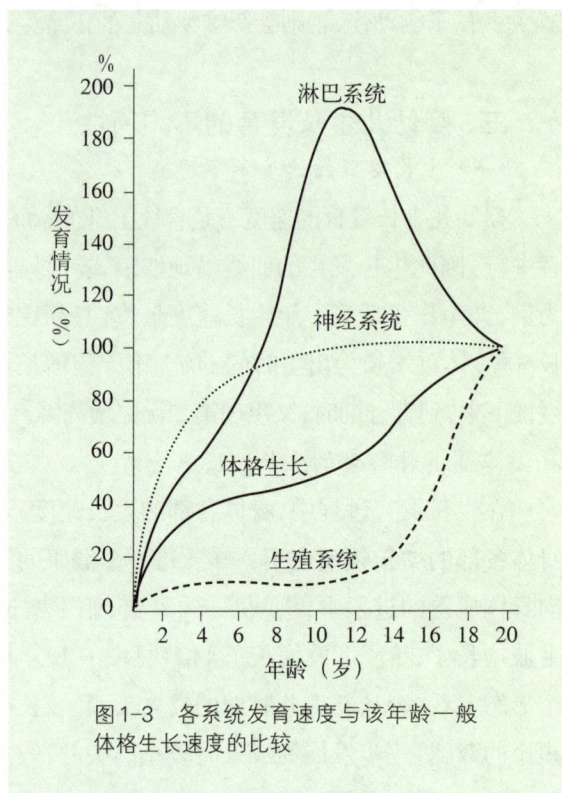

图1-3 各系统发育速度与该年龄一般体格生长速度的比较

第三节 影响婴幼儿生长发育的因素

婴幼儿生长发育过程受到多种因素的影响，概括起来包括先天遗传因素和后天环境因素。遗传因素决定了生长发育的可能性，即决定了生长发育的潜力或最大限度；环境因素则在不同程度上影响遗传因素所赋予的生长潜力的发挥，最后决定发育的速度及可能达到的程度，也就是说，它决定了生长发育的现实性。

一、遗传因素

婴幼儿生长发育的特征、潜力、趋向、限度等都受父母双方遗传因素的影响。父母的遗传因素不仅能预示子女的身高、体重，甚至决定子女的体型，并且在很大程度上还影响子女神经系统和内分泌系统的发育。大量研究结果还证实，人的体型、躯干和四肢的比例受到种族遗传的影响较大。例如，在美国洛杉矶长大的日本儿童，生活环境与美国白人相近，但其腿长却低于同等身高的白种人儿童，而和日本本土长大的儿童相似。这说明体型发育主要受种族遗传影响。

二、环境因素

影响生长发育的环境因素有很多,主要有营养、体育锻炼、疾病、生活制度以及家庭、社会经济状况等。

(一)营养

营养是生长发育的物质基础,尤其是充足的热量和优质的蛋白质、各种维生素、矿物质以及微量元素等都是生长发育所必需的。营养素的缺乏、各种营养素的摄入不均衡、膳食结构不合理等,不但会影响正常的生长发育,还会引起营养不良和各种营养缺乏症,并且其结果是不可逆的。当前,随着我国社会经济的发展,人民生活水平的提高,儿童营养条件大为改善,更应注意均衡营养和平衡膳食。在集体儿童机构,应根据各年龄段儿童营养需要,结合收费标准和市场供应情况做好膳食计划。

(二)体育锻炼和劳动

适宜的体育锻炼和劳动能增强儿童体质,减少疾病,提高健康水平,是促进儿童身体发育的重要因素。参加体育锻炼能促进新陈代谢,提高呼吸、循环、肌肉骨骼以及神经系统的调节功能,增强机体对外界的适应能力和对疾病的抵抗能力。从小进行体格锻炼不仅能增强体质,而且还对促进智力发展和培养良好的个性起到积极作用。

(三)疾病

各种急慢性疾病对生长发育都有直接的影响,其影响程度取决于病程的长短、病变的部位和疾病的严重程度。疾病可以干扰正常的能量代谢,增加对各种营养物质的消耗,有些疾病还能严重影响器官的功能,使生长发育停滞不前甚至倒退。例如,婴幼儿腹泻,不仅影响营养物质的吸收,并可消耗体内原有的物质。长期腹泻的小儿,可导致机体营养不良,体重减少,严重影响生长发育;佝偻病的患儿抵抗力低下,易患感染性疾病,严重的引起骨骼发育障碍。

(四)生活制度

合理安排有规律的生活制度能使学前儿童身体各部分有规律、有节奏地活动,这样能有效地消除疲劳,身体的营养消耗也能得到及时的补充,也有利于婴幼儿从小养成良好的生活习惯。所以,托幼机构应制定科学、合理的生活制度并严格执行,保证婴幼儿的健康成长。

(五)其他因素

社会发展状况特别是经济状况、社会制度等因素也影响婴幼儿的生长发育。季节对生长发育也有一定的影响,一般来说,春季(3～5月)儿童身高增长较快、秋季(9～11月)体重增长较快;各种环境污染,如铅污染对婴幼儿的生长发育有不利的影响;药物及性别也对婴幼儿的生长发育产生影响。

第四节　婴幼儿生长发育的指标及测量评价

一、婴幼儿生长发育的评价指标

评价婴幼儿生长发育的指标,包括形态指标、生理功能及生化指标、心理指标。

（一）形态指标

常用的形态指标有身高、体重、头围、胸围和坐高。其中,身高和体重是最基本的指标,不但测定简单,而且能较为准确地评定生长发育状况。

1. 身高

身高是指头顶到足底的全身长度,是反映骨骼发育的重要指标。身高受种族和遗传影响较明显,与长期营养状况关系密切,但受营养短期影响不显著。一般年龄越小,增长越快。

出生时身长平均为50 cm,生后第一年增长最快,前半年平均每月增长2.5 cm,后半年平均每月增长1 cm ～ 1.5 cm,全年共增长25 cm,1岁时约为出生时身长的1.5倍,即75 cm。第二年增长速度减慢,平均年增长10 cm,2岁时身长约为85 cm。2 ～ 12岁身高的估算公式为:年龄 ×5+80(cm)。

身高在进入青春期后出现第二次增长高峰,增长速度达儿童期的2倍,持续2 ～ 3年。身体各部分长度的增长速度是不一致的。出生后第一年,头部生长最快,躯干次之,到青春期时下肢增长最快。所以,组成身高的头、躯干和下肢在各年龄期所占身高的比率不同。

2. 体重

体重为各器官、系统、体液的总重量。体重易于测量,结果也比较准确,是最容易获得的反映儿童生长与营养状况的指标,体重是反映小儿生长发育的最重要也是最灵敏的指标,特别对反映小儿短期生长发育状况和营养状况较为准确。

正常足月新生儿出生时的体重为2.5 kg ～ 4 kg。出生后3个月的体重是出生时的2倍,0 ～ 6个月平均每月增加0.7 kg ～ 0.8 kg,7 ～ 12个月增长量减少,平均每月0.25 kg,满1岁时体重大约是出生时的3倍,满2岁时达4倍。1 ～ 10岁体重平均每年增长2 kg。可应用下列公式估计儿童体重。

（1）1岁以内:

$$1 \sim 6个月婴儿:标准体重(kg)=出生体重(kg)+月龄 \times 0.6(kg)$$
$$7 \sim 12个月婴儿:标准体重(kg)=出生体重(kg)+月龄 \times 0.5(kg)$$

（2）1 ～ 12岁:

$$体重(kg)=年龄 \times 2+8(或7)(kg)$$

当进入青春期阶段,体重增长过快,不能按以上公式推算。

3. 头围

头围是反映孩子脑发育的一个重要指标,头围在出生后第一年增长最快。出生时头围平均34 cm;1岁时平均46 cm,第三年增加1 cm ～ 2 cm。3岁时头围平均为48 cm,已与成人相差不多了。由此可见,脑发育主要在生后头3年。

4. 胸围

胸围是胸廓的最大围度,可以表示胸廓大小和肌肉发育状况,是人体宽度和厚度最有代表性的指标,在一定程度上反映身体形态和呼吸器官的发育状况,同时也是评价幼儿生长发育水平的重要指标,也可反映体育锻炼的效果。新生儿胸围平均为32 cm左右,比头围小1 cm ～ 2 cm,1岁左右胸围与头围大致相等,1岁后胸围超过头围。营养状况不好、缺乏体育活动以及疾病造成的胸廓畸形(如佝偻病等)均会影响胸围的增长。

5. 坐高

坐高通常标示躯干的长度,可以间接地了解内脏器官的发育状况,坐高是头顶至坐骨结节的长度。儿童随年龄的增加下肢的增长速度不断加快,故坐高占身高的比率随年龄而降低。

(二)生理功能及生化指标

生理功能指标是指身体各器官、各系统在生理功能上可测出的各种量度。例如:反映心血管系统功能的心率、脉搏和血压;反映呼吸系统功能的肺活量、呼吸频率;反映肌肉力量的握力、拉力、背肌力等。还可检测血液中红细胞数和血红蛋白等生化指标。这些指标有助于对儿童生长发育状况进行全面评价。

(三)心理指标

一般通过感觉、知觉、语言、记忆、思维、情感、意志、能力和性格等进行观察。通过对婴幼儿心理的观察和研究,可以针对婴幼儿从小到大的年龄特征提出心理卫生的措施,促进婴幼儿生长发育达到最好水平。

二、体格发育的测量方法

体格发育的测量要采用规范的测量用具和正确的测量方法,力求获得准确的测量数据。

(一)身高(身长)的测量

3岁以下小儿测身长用量床。脱去小儿鞋、袜仰卧于量床中央,使其面朝上。助手将小儿头扶正,头顶触及头板。测量者站在小儿右侧,左手握住小儿双膝,使腿伸直并贴紧量床底版,右手移动足板使其接触双脚足跟,然后读取量床刻度,以厘米为单位,精确到小数点后一位。

3岁以上小儿测量身长用身高计或固定于墙壁上的立尺或软尺。被测者赤足,背靠立柱以立正姿势站立,脚跟、臀部和两肩胛间处与立柱紧贴。要求足跟并拢,身体自然挺直,头正直,两眼平视前方。以厘米为单位,精确到小数点后1位。另外,测量时应注意测量时间。由于身高受重力影响,在一天中的测量值略有差异,所以每次测量时应选择一天中的同一时间进行。

(二)体重的测量

体重的测量最好在清晨空腹排便后进行。新生儿称体重可用婴儿磅秤,1个月至7岁的小儿应用杠杆式磅秤,7岁以后用磅秤。称体重以千克为单位,记录到小数点后两位。

被测小儿要脱去外衣、鞋、帽,尽量只穿单衣、裤,否则测后应扣除衣裤重量。称重时,1岁以下的小儿取卧位,1～3岁小儿可蹲于秤台上,3岁以上小儿站立测量。测量时,小儿不接触其他物品,家长也不可扶着小孩,以免影响测量精度。

(三)胸围的测量

3岁以下小儿取卧位或立位,3岁以上取立位。被测小儿应脱去外衣,双眼平视,双肩放松,双手自然下垂,不应故意挺胸、驼背或深呼吸。测量者位于小儿前方或右侧,左手先将软尺零点固定于小儿胸前乳头下缘,右手拉软尺绕经后背,过两肩胛下角下缘,最后回至零点。

(四)头围的测量

测量者位于小儿右侧或前方,左手将软尺零点固定于小儿额头眉间处,软尺从右侧经过枕骨最突出处,再绕回至零点,经过的距离即为头围。测量时,软尺须紧贴皮肤,长发者要先将头发在软尺经过处向上下分开,以免影响测量精度。

（五）坐高的测量

3岁以下小儿取卧位,头部位置与测身长时的要求相同,测量者左手提起小儿双腿,同时使小儿整个身子紧贴底版,移动足板使其贴紧臀部,最后读取测量数值,以厘米为单位,精确到小数点后一位。

3岁以上取坐位测量坐高。被测者坐在坐高计的坐盘上,或坐在高度合适的板凳上,先使身体前倾,让骶部紧靠立柱或墙壁,然后坐直,双脚自然放在地上,大腿与地面平行,头和肩部的位置与测量身高时的要求相同。

三、体格发育评价

评价儿童体格发育状况是个体儿童或群体儿童保健工作中的一项重要内容,其目的是及早发现儿童在生长发育过程中的偏离和不足,如体重过轻或肥胖、身材矮小等,追查原因予以纠正。对儿童生长发育的评价,应注意定期横向比较和纵向观察,以了解个体或群体儿童现阶段的生长发育状况和以后的发展趋势。不能单凭一次检查结果就作出结论。

（一）评价标准的制订

生长发育标准是评价个体和群体儿童生长发育状况的统一尺度。一般可通过一次性大数量的生长发育调查,取得某几项生长发育的测量数据,经过统计学的方法处理后得到的结果即是该地区的生长发育评价标准。由于这种标准是建立在对大数量群体调查的基础上的,所以比较客观、准确,具有一定的代表性。但是,任何"标准"都是相对、暂时的,它们只在一定的地区和时间起作用,而且受到生长长期加速的影响,应每隔5~10年修改一次。

（二）体格发育的评价方法

目前较为常用的评价方法是五等级评价法和曲线图评价法。

1. 五等级评价法

五等级评价法以某项评价指标（如身高）的均值（X）为基值,以其标准差（S）为离散距,将发育水平划分为5个等级:上等（大于X+2S）、中上等（X+2S至X+S）、中等（X-S至X+S）、中下等（X-S至X-2S）和下等（小于X-2S）,由此制成该指标的发育等级。在进行生长发育评价时,只要将个体的实测值与上述"等级"相比较,即可确定其发育水平。一般个体儿童在X-2S~X+2S范围内为正常。等级评价法常用的评价指标是身高和体重。

2. 曲线图评价法

发育曲线图评价法的原理与五等级评价法一样,只是将等级法中的5个等级用曲线来表示。例如,以年龄为横坐标,身高为纵坐标,将不同年龄组儿童的身高均值 X、X±S、X±2S 分别标在坐标图上,连成5条曲线,即为身高发育标准曲线图。评价时也很方便,只要将个体儿童在该年龄的实测值标在图上,就能了解该儿童当时的发育水平。若将个体儿童在不同时期的连续实测值分别标在图上并连成曲线,这样既能看出该儿童各个时期的发育水平,又能了解其发育速度和趋势。

上述两种评价方法都可用于对群体儿童的评价。例如,可把幼儿园一个班或整个幼儿园儿童的实测资料,先对照等级评价标准确定各个儿童的等级,然后统计在每项指标中各发育等级的人数和

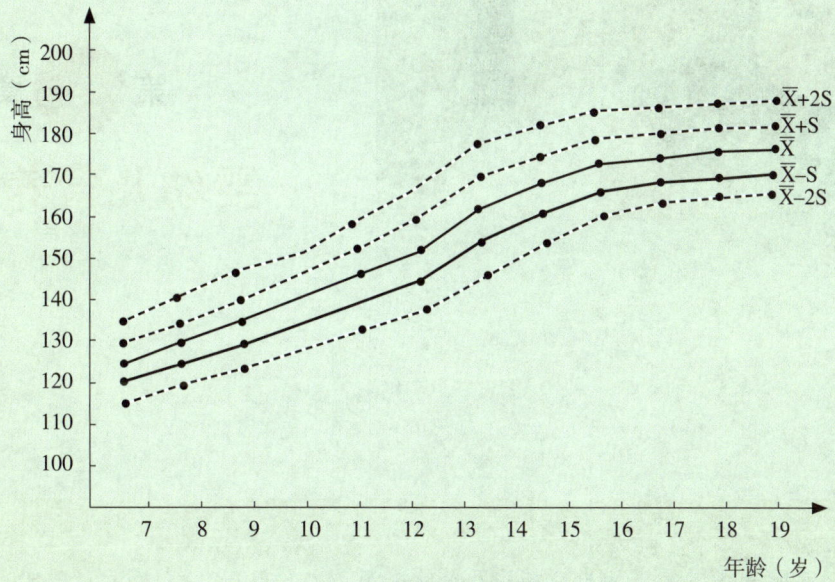

图1-4　身高发育标准曲线图示例

所占总数的百分比,从而了解某个班或整个幼儿园不同发育水平的儿童的比率。利用曲线图法做群体儿童的评价也很方便,只要将某个群体儿童各年龄的均值连成一条曲线,就能看出该群体的发育水平。

【思考题】

1. 名词解释:生长;发育;发育成熟。
2. 婴幼儿年龄阶段的划分及各阶段的特点是什么?
3. 婴幼儿生长发育的规律是什么?
4. 影响婴幼儿生长发育的因素有哪些?
5. 评价生长发育的指标有哪些?各有什么意义?

教学课件

第二章
婴幼儿营养需求

- 了解各类营养素的生理功能及食物来源
- 掌握婴幼儿对能量及各种营养素的需要量

第一节　能量的需求

一、能量的单位与能量系数

能量是人体维持生命活动（如体温、心跳、呼吸）和保证日常的劳动、运动等所需要的，又称为热能。热能的单位一般用千卡（kcal）或千焦耳（kJ）表示。1千卡（kcal）=4.184千焦耳（kJ），1千焦耳（kJ）=0.239千卡（kcal）。

二、婴幼儿身体能量的消耗

婴幼儿个体能量的消耗主要体现在以下五个方面。

1. 基础代谢消耗

婴幼儿用于维持机体体温、呼吸、心跳、胃肠蠕动、神经腺体活动等需要。婴幼儿生理活动比较活跃，体表面积与体重的比值比成人大，所以基础代谢较高。婴幼儿每日热能消耗约有50%为基础代谢。

2. 食物的特殊动力作用

机体摄取、消化食物时引起体内能量消耗增加的现象。普通的混合膳食，食物特殊动力作用消耗占每日基础代谢的10%左右。

儿童能量分布特点

图 2-1 能量分布与年龄的关系

Total Energy——总能量消耗
BMR——基础代谢率
Activity——运动消耗
Growth——生长发育消耗
Excreta——排泄损失消耗
TEF——食物特殊动力作用

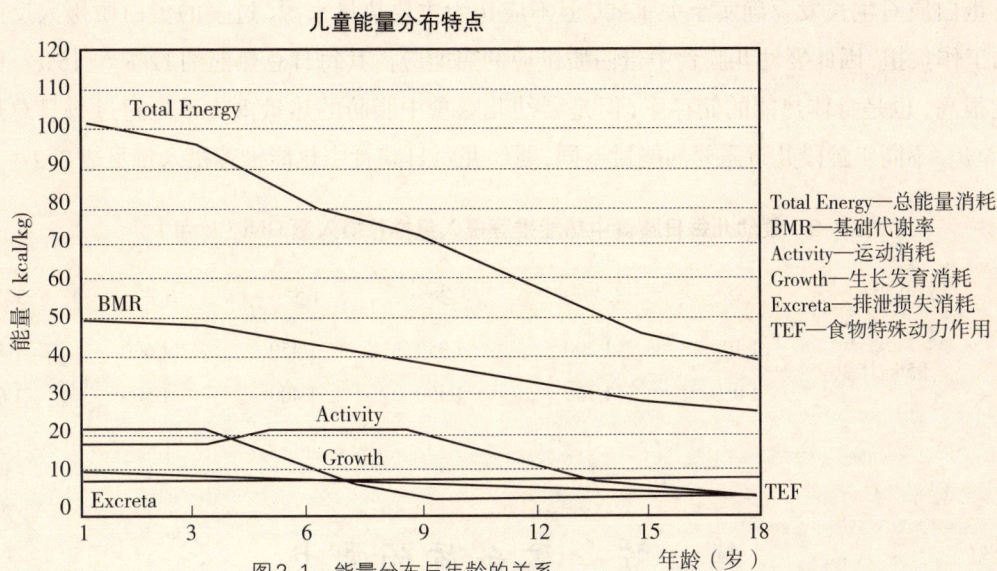

3. 生长发育消耗

这是婴幼儿特有的能量消耗，其需要量与生长发育的速度呈正比。所以，如果能量供应不足，就会使儿童生长发育迟缓，甚至停顿。据估计，婴幼儿每增加 1 kg 体重，大约需要消耗 500 kcal 的能量，此项所需能量占总热能的 20% 左右。

4. 运动需要消耗

婴幼儿在从事一定的体力和脑力活动时都会消耗相应的能量。一般情况下，活泼好动的儿童比安静的儿童消耗能量多。

5. 排泄的损失消耗

摄入人体的食物有少量未被吸收而随粪便排出。此部分通常相当于基础代谢的 10%。当有腹泻或肠道功能紊乱时可成倍增加。

三、能量的食物来源及需求量

蛋白质、脂肪和碳水化合物是产热的三大营养素，食物中每克蛋白质、脂肪和碳水化合物在体内产生的能量如表 2-1 所示。

表 2-1　三大产能化合物的产热量

	能　　量	
碳水化合物	16.81 kJ	4 kcal
脂肪	37.56 kJ	9 kcal
蛋白质	16.74 kJ	4 kcal

对于婴幼儿来说，碳水化合物应该作为热能的主要来源，应占每日总热能的50%～60%，但比成人要低。蛋白质对生长发育确实至关重要，但不应作为主要热量来源，过多的蛋白质摄入反而会加重肾脏的工作负担，因此婴幼儿膳食中蛋白质供应的热能应占其每日总热能的12%～15%。脂肪的产热效能很高，也是身体热能的储存库，但是婴幼儿膳食中脂肪的热量供应不能超过每日总热量的30%～35%。不同年龄段儿童需要的能量不同，婴幼儿每日膳食中热能推荐摄入量见表2-2。

表2-2　婴幼儿每日膳食中热能推荐摄入量推荐摄入量 RNI（kcal）

	0岁～	1岁～	2岁～	3岁～	4岁～	5岁～	6岁～
男	95/kg体重	1 100	1 200	1 350	1 450	1 600	1 700
女		1 050	1 150	1 300	1 400	1 500	1 600

第二节　蛋白质的需求

一、蛋白质的组成及主要生理功能

（一）蛋白质的元素组成

根据人类基因组推测，人体蛋白质种类约有39 000多种，对蛋白质进行元素分析，其所含氮元素是人体氮的唯一来源，且蛋白质含氮量平均约为16%，即每克氮相当于6.25 g蛋白质，所以在奶粉等婴幼儿食品营养测定中经常用测定氮元素含量来推测食品中蛋白质含量。

表2-3　人体需要的氨基酸

必需氨基酸	非必需氨基酸	条件必需氨基酸
异亮氨酸	天门冬氨酸	半胱氨酸
亮氨酸	天门冬酰胺	酪氨酸
赖氨酸	谷氨酸	
蛋氨酸	谷氨酰胺	
苯丙氨酸	甘氨酸	
苏氨酸	脯氨酸	
色氨酸	丝氨酸	
缬氨酸	精氨酸	
组氨酸	胱氨酸	
	丙氨酸	

（二）氨基酸的分类

蛋白质的基本单位是氨基酸，蛋白质对婴幼儿生长发育的重要性实际上就是氨基酸的重要性，食物蛋白质在消化道中，经胃和胰液中蛋白酶的作用，最终分解成氨基酸后被人体吸收。人体蛋白质组成的氨基酸种类有20种,可以分为必需氨基酸、条件必需氨基酸和非必需氨基酸(见表2-3)。必需氨基酸不能在体内合成,只能由食物供给。需要特别说明的是,组氨酸也是婴幼儿特有的必需氨基酸,因为成年后人体才能合成组氨酸。

（三）蛋白质的生理功能

1. 构成和修复人体组织

在人体细胞中,除水分外,蛋白质约占细胞内物质的50%以上。因此,构成人体组织、器官的成分是蛋白质最重要的生理功能。婴幼儿处于生长发育的高峰期,身体的生长可视为蛋白质的不断累积过程,并且婴幼儿生长过程中,组织细胞蛋白质还需要不断更新,所以蛋白质摄入量要大于排出量,因此摄入充足蛋白质对婴幼儿尤为重要。

2. 调节生理功能

蛋白质是酶和激素的重要成分。儿童的新陈代谢旺盛,均依赖酶和激素的作用。人的抗体也是一种蛋白质,例如儿童对流行性感冒、麻疹、传染性肝炎等的抗体形成都与丙种球蛋白有关。蛋白质能提高中枢神经系统的兴奋性,降低疲劳,增加活动能力。儿童脑神经细胞逐渐成熟,智力也不断发展,需要足够的蛋白质。

3. 供给能量

婴幼儿蛋白质供能为总能量的14%～15%,随着年龄增长,蛋白质供能比逐步下降,成人蛋白质摄入量占总能量的10%～15%。

二、婴幼儿蛋白质需求量及食物来源

（一）婴幼儿蛋白质的供给量

婴幼儿生长迅速,蛋白质的供给量按每单位体重计大于成人。我国由于以植物性食物为主,《中国居民膳食营养素参考摄入量》建议婴儿(0～1岁)蛋白质AI因喂养方式而异,母乳喂哺的婴儿的蛋白质AI为2.0 g/(kg·d),牛乳喂养者为3.5 g/(kg·d),大豆或者谷类蛋白喂养时为4.0 g/(kg·d)。幼儿每增加1 kg体重约需160 g的蛋白质积累。婴幼儿每日膳食中蛋白质的推荐摄入量详见表2-4。

消瘦型营养不良　　水肿型营养不良

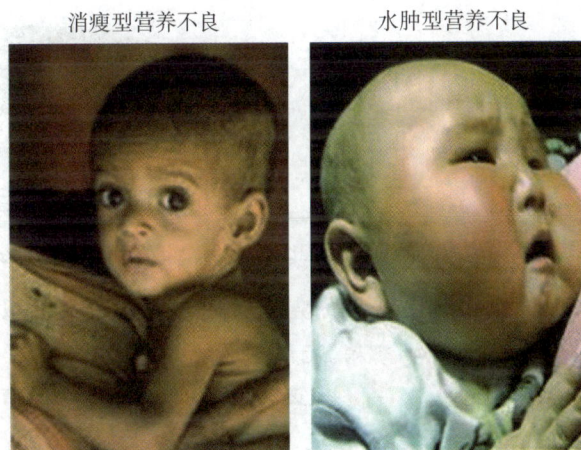

图2-2　蛋白质营养不良

表2-4　婴幼儿每日蛋白质推荐摄入量RNI（g）

年　龄	0岁～	1岁～	2岁～	3岁～	4岁～	5岁～	6岁～
摄入量	1.5～3 g/(kg·d)	35	40	45	50	55	55

当婴幼儿蛋白质长期摄取不足时,会导致婴幼儿贫血、精神疲乏、免疫力下降等,严重者有体格发育迟缓、营养不良性水肿、智力障碍等,形成水肿型营养不良症状,21世纪初的劣质奶粉"大头娃娃事件"就是一个活生生的例子。如果同时伴随着能量摄入不足,则会造成消瘦型营养不良。反之,若长

期蛋白质营养供给过量,则会引起便秘及代谢紊乱、肝肾负担加重等。

（二）蛋白质的食物来源

蛋白质的食物来源可分为动物性蛋白质和植物性蛋白质两大类。动物蛋白中人奶蛋白和鸡蛋蛋白所含必需氨基酸比例和人体的极为相似,所以在婴幼儿体内几乎是100%可被利用。另外,肉类、鱼类蛋白和植物蛋白中的大豆蛋白所含必需氨基酸比例也比较合理,人体吸收利用率高,所以我们把动物性蛋白和大豆蛋白称为优质蛋白,应占婴幼儿膳食蛋白总量的50%。以1岁幼儿为例,食物蛋白质来源及含量见表2-5。

表2-5　婴幼儿蛋白质膳食来源及其含量

肉类（畜、禽、鱼）	10%～20%
奶　类	1.5%～4%
奶　粉	25%～27%
蛋　类	12%～14%
干豆类	20%～24%
硬果类	15%～25%
谷　类	6%～10%
薯　类	2%～3%

资料链接

蛋白质互补作用

婴幼儿必需氨基酸的含量之间存在比例关系,从食物中获取的必需氨基酸含量比例跟人体越接近,婴幼儿对这些蛋白质的吸收效率越高。如果某种食物中氨基酸与人体内比例关系相差较大,我们可以将它与其他食物混合食用,则不同食物蛋白中所含的必需氨基酸可以取长补短,互相补充,使之比例跟人体接近,从而提高食物蛋白质的利用率,称为蛋白质的互补作用。如在幼儿膳食指导中提及在幼儿日常饮食中定期添加豆饭、豆粥、豆沙包、腊八粥等正是应用蛋白质互补作用这一原理将多种植物性食物混合食用以提高营养价值。此外,植物性食物和动物性食物混合食用同样可以

达到这一作用,如菜肉馅包子和饺子等。因此,发挥婴幼儿膳食蛋白的互补作用,应遵循:(1) 食物的生物学种属越远越好;(2) 搭配的种类越多越好;(3) 食用时间越近越好,最好同时食用。

第三节　脂类的需求

一、脂类的组成及主要生理功能

（一）脂类的分类

脂类又叫脂质,是不溶于水而溶于有机溶剂的一类化合物的总称。脂类包括脂肪（植物油和动物脂肪）和类脂。

天然食物中脂肪酸可根据结构进行细分,如图2-3。其中多不饱和脂肪酸根据结构中的双键位置可分为 ω-3 系列和 ω-6系列。前者主要包括亚麻酸,可以在人体转化成DHA、EPA等;后者主要包括亚油酸,可以在人体转化成AA等。亚麻酸和亚油酸对婴幼儿的脑组织和皮肤发育尤为重要,但人体自身又不能合成,必须由食物供给,被称为必需脂肪酸。

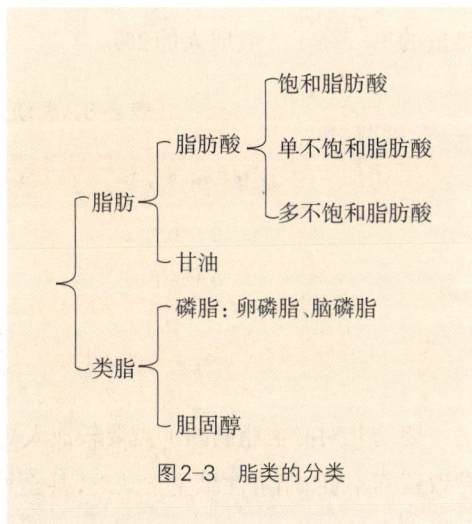

图2-3　脂类的分类

（二）脂类的生理功能

1. 构成人体的重要成分

美国食品药品监督管理局（FDA）规定,在婴幼儿奶粉里,必须添加磷脂。卵磷脂的充分供应保证充分的"胆碱"与人体内的"乙酰"合成为"乙酰胆碱","乙酰胆碱"是大脑内的一种信息传导物质,婴幼儿和老人都要特别注意选择富含磷脂的食物,可以提高脑细胞的活性化程度,提高记忆和智力水平,延缓大脑功能的衰老。

2. 供给必需脂肪酸

必需脂肪酸对婴幼儿智能发育也有重要作用,DHA大量存在于人脑细胞中,对脑细胞的分裂、神经传导等极为重要。亚麻酸可在体内转化成DHA,而DHA在视网膜中含量丰富,帮助婴幼儿维持正常的视觉功能。必需脂肪酸还跟婴幼儿生长发育有关,有缓解婴幼儿皮肤湿疹等作用。还可促进前列腺素合成,以及防止婴儿消化道损伤。

3. 促进脂溶性维生素的吸收

食物中维生素A、D、E、K不溶于水,但溶于脂肪,可随同脂肪在肠道中吸收。胡萝卜素的吸收也必须在有脂肪的环境下进行。

4. 供给热能和储存热能

人体热能消耗的近 1/3 来源于脂肪，年龄越小，比例越高，在刚出生的婴儿中，脂肪供能可达到 45%～50%。同时，脂肪又是体内热能储存的一种形式。

5. 增进食欲和饱腹感

富含脂肪的食物经过烹饪后可以提高食物滋味、刺激幼儿的食欲。同时，脂肪在消化道内停留 4～6 小时，比其他营养素停留时间长，可以增加饱腹感。

二、婴幼儿脂类需求量及食物来源

（一）婴幼儿脂类的供给量

中国营养学会推荐：婴幼儿脂肪摄入量占总能量的比例要高于成人的 20%～30%（详见表 2-6）。其中，饱和脂肪酸<10%，单不饱和脂肪酸 10%，多不饱和脂肪酸 10%，即三种脂肪酸的比例接近 1：1：1。美国儿科科学院在婴儿期食谱中推荐必需脂肪酸的供应量为 350～380 mg/kg，占总热量的 3%，高于一般成人的 2%。

表 2-6　婴幼儿每日膳食中脂肪的适宜摄入量 AI

年　龄（岁）	脂肪占总能量比（%）
0～0.5	45～50
0.5～1	35～40
1～6	30～35
7～	25～30

婴幼儿对必需脂肪酸的需要较成人更为迫切，对缺乏也更加敏感。长期摄入脂肪类食物不足，可导致营养不良、脂溶性维生素缺乏，甚至发育落后。脂肪摄入过多会加重肝脏负担，引起超重和肥胖，同样有害健康。

（二）脂类的食物来源

膳食中脂类来源不外乎动物和植物。植物和动物脂肪之间的主要区别是：植物脂肪或植物油含多不饱和脂肪酸高，植物脂肪不含胆固醇。一般情况下，植物性油脂如豆油、花生油、葵花籽油、芝麻油、核桃油等主要含不饱和脂肪酸；可可黄油、椰子油和棕榈油则含饱和脂肪高。动物性油脂主要含饱和脂肪酸，不饱和脂肪酸较少，但海生动物和鱼富含不饱和脂肪酸。必需脂肪酸亚麻酸主要含于亚麻油、紫苏油中。研究证实，天然 EPA、DHA 主要存在于海洋微型浮游植物如褐藻类、红藻类、金藻类、螺旋藻类等。含磷脂较多的食物有蛋黄、肝脏、大豆等。含胆固醇丰富的食物是动物脑、肝、肾等内脏和蛋黄中。

资料链接

"脂肪酸家族"

食物油脂中的脂肪酸家族分为:饱和脂肪酸、不饱和脂肪酸和反式脂肪酸。

饱和脂肪酸是含饱和键的脂肪酸,主要存在于动物油中,如猪油、牛油、羊油,以及棕榈油、椰子油。饱和脂肪酸摄入量过高能引起血脂、胆固醇增高,继而引发动脉硬化等心脑血管疾病。

饼干 巧克力 蛋糕 人造奶油（氢化油） 薯片 冰淇淋 咖啡伴侣

看似"漂亮"的外观 长期食用 诱发多种疾病 危害人体健康!

不饱和脂肪酸主要存在于植物油中,如大豆油、葵花籽油、菜籽油、橄榄油等,对人体健康有很大益处,它们在体内具有降血脂、改善血液循环、抑制血小板凝集、阻抑动脉粥样硬化斑块和血栓形成等功效,对心脑血管病有良好的防治效果等等,亦可提高儿童的学习能力,增强记忆。

反式脂肪酸也称人造奶油,是人类利用高温、油炸或其他方式将不饱和脂肪酸进行转化,产生出的一种自然界本身并不存在的脂肪酸链结构。被广泛用于面包、奶酪、人造奶油、蛋糕和饼干等食品烘烤领域及速食店炸薯条、炸鸡肉等油炸食品。有研究表明,一般的脂肪在身体里7天就代谢了,反式脂肪酸在人体内需要50天才可代谢;部分反式脂肪酸无法被人体分解,也无法被代谢出去,只能固积在细胞或者血管壁上,成为人类肥胖、心血管等多种慢性病的最大诱因,对婴幼儿的生长发育特别有害。目前世界各国已纷纷限制反式脂肪酸的使用。

第四节　碳水化合物的需求

一、碳水化合物的组成及主要生理

表2-7　碳水化合物

分　类	组　成
单　糖	葡萄糖、半乳糖、果糖等
双　糖	蔗糖、麦芽糖、乳糖等
多　糖	糖原、淀粉、纤维素等

（一）碳水化合物组成

碳水化合物又叫糖类，是由碳、氢、氧三种元素组成的一大类化合物。根据其分子结构可以分为单糖、双糖、多糖。单糖是糖类的基本构成单位，双糖和多糖分别是由两个单糖和几百个单糖分子连接而成的。

1. 单糖

葡萄糖是单糖中最重要的一种，在人体内葡萄糖主要来源于双糖和多糖的水解。虽然人类直接食用葡萄糖的情况很少，但是体内某些器官却只能利用葡萄糖提供能量，比如葡萄糖是婴幼儿脑细胞的唯一能量来源。除此之外，单糖类还有半乳糖和果糖。果糖是所有糖类中最甜的糖，进入人体后只能在肝脏利用，其代谢不受胰岛素的制约，故糖尿病患者可以食用。

2. 双糖

双糖包括蔗糖、麦芽糖和乳糖。蔗糖是食品工业中重要的甜味剂，易于发酵，会结合牙齿中的细菌在牙齿上形成不溶性葡聚糖，同时产生作用于牙齿的酸，引起龋齿。婴幼儿应少吃零食和甜食，尤其睡前不吃东西，吃零食后应及时刷牙和漱口，防止龋齿。乳糖由1分子葡萄糖和1分子半乳糖构成，是母乳乳汁的主要成分，是婴儿主要食用的碳水化合物，靠乳糖酶催化分解。随着年龄增长，人体内乳糖酶活性急剧下降，甚至在某些个体中几乎下降到零，因此成年人食用大量乳糖，会不易消化，当食物中乳糖含量高于15%时，成人容易腹泻，即我们通常所说的乳糖不耐症。

3. 多糖

多糖包括淀粉、果胶、纤维素。淀粉是人体摄入的最主要多糖，此外在人体肝脏、肌肉组织中可以合成的糖原也属于多糖。婴儿在出生后的3～4个月内，因缺乏胰淀粉酶的分泌，不能消化吸收淀粉，随月龄增长和胰淀粉酶分泌功能逐步完善，才能添加淀粉类食物。

（二）碳水化合物的生理功能

1. 提供能量

这是糖类对婴幼儿最重要的作用，其所需热能的45%～55%由糖类提供，成人的比例略高。尤其是神经组织完全依靠葡萄糖作为能源物质，若血液葡萄糖水平过低（低血糖），就会影响大脑的热能供给，对婴幼儿产生注意力不集中、头昏甚至昏迷症状。

2. 构成人体组织及细胞

每个细胞都有碳水化合物，主要以糖蛋白、糖脂、蛋白多糖的形式存在。糖脂是细胞与神经组织的结构成分之一。

3. 节约蛋白质

当碳水化合物摄入充足时，能预防体内或膳食蛋白质消耗，不需要动用蛋白质来供能。还能产生足够的ATP，有利于氨基酸的主动转运。

4. 抗生酮作用

脂肪在体内分解代谢，需要葡萄糖的协同作用。当膳食中碳水化合物供给不足时，体内脂肪或膳食脂肪被动员并加速分解为脂肪酸来供给能量，代谢过程中，脂肪酸不能彻底氧化而产生过多的酮体，酮体不能及时被氧化而在体内蓄积，产生酮血症或者酮尿症。充足的碳水化合物可以预防这些病症。

糖类的综合功能可以通过图2-4加以了解。

二、婴幼儿碳水化合物需求量及食物来源

（一）婴幼儿碳水化合物的供给量

母乳喂养的婴儿平均摄入量约为12 g/（kg·d）碳水化合物（功能比约37%），主要成分是乳糖。人工喂养儿略高（40% ~ 50%）。4个月以下的婴儿淀粉消化能力尚未成熟，但乳糖酶的活性比成人高。4个月以后的婴儿，能较好地消化淀粉食物。2岁以后，可逐渐增加来自淀粉类食物的能量，同时相应地减少来自脂肪的能量。经过一段时间的逐渐适应后，3岁前幼儿基本完成了饮食从以奶和奶制品为主到以谷类为主的过渡。碳水化合物应占总能量的50% ~ 60%，但不宜食用过多的糖和甜食，而应以含有复杂碳水化合物的谷类为主，如大米、面粉、红豆、绿豆等。专家建议，学龄前儿童蛋白质、脂肪、碳水化合物供能比为1∶1.1∶6。婴儿食物中含淀粉过多，则在肠内经细菌发酵、产酸、产气并刺激肠蠕动，往往可引起腹泻。

图2-4中的文字：促进神经系统的发育、保持肝脏的解毒功能、维护心脏正常功能、糖类的作用、促进大脑细胞的增殖、避免酸中毒、维护神经系统功能

图2-4　糖类的作用

（二）碳水化合物的食物来源

膳食中淀粉的来源主要是粮谷类和薯类食物。粮谷类一般含碳水化合物60% ~ 80%，如大米、白面、玉米、高粱等。薯类中含量为15% ~ 29%，如红薯、马铃薯、芋头等。豆类中为40% ~ 60%。单糖和双糖的来源主要是食糖、糖果、甜食、糕点、甜味水果、含糖饮料和蜂蜜等。

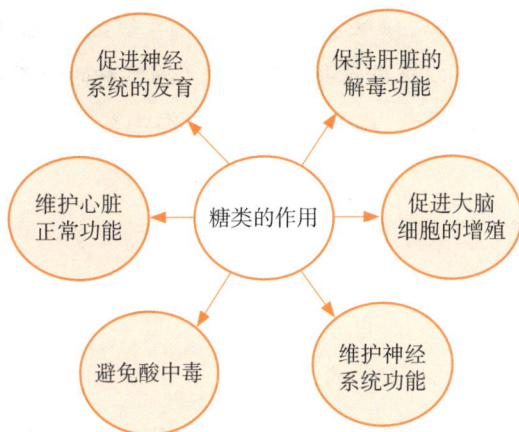

资料链接

单糖食品的"利"与"弊"

单糖类物质如葡萄糖在婴幼儿新陈代谢中起重要作用。对于婴幼儿来说，适量补充葡萄糖可以帮助退黄疸、增强心肌功能、预防腹泻。患病或体质衰弱的婴幼儿，补充葡萄糖可以保证其基础代谢的热量需要。但是，葡萄糖吃起来甜中带微苦，并带一点药味，研究表明，长期服用会影响婴幼儿食欲。另外，多糖类物质需要在胃内经过消化酶的分解作用转化为葡萄糖吸收利用，而食用葡萄糖则可免去转化的过程，直接就可由小肠吸收，长期食用就会造成胃肠消化酶分泌功能下降，消化功能减退，影响除葡萄糖以外其他营养物质的吸收，导致儿童

贫血、维生素、各种微量元素缺乏、抵抗力降低等。一般情况下新生儿由于消化系统比较弱，可以根据自身情况选择不同品种的葡萄糖按要求进行补充，随着年龄增长，逐步减少葡萄糖摄取量，比如由2勺变为1勺半再变为1勺。一般到6个月以后就不需要食用葡萄糖了。

第五节 矿物质的需求

一、矿物质的种类及主要生理功能

(一)矿物质的种类

人体含有的60多种元素中，维持机体正常功能所必需的元素约有20种，除碳、氢、氧、氮主要以有机物质形式存在外，其余各元素均为无机矿物质，矿物质是人体中的无机盐，又称为灰分。其中人体含量大于体重0.01%的各种矿物质称为常量元素，其余的则称为微量元素。

(二)各种矿物质的生理功能

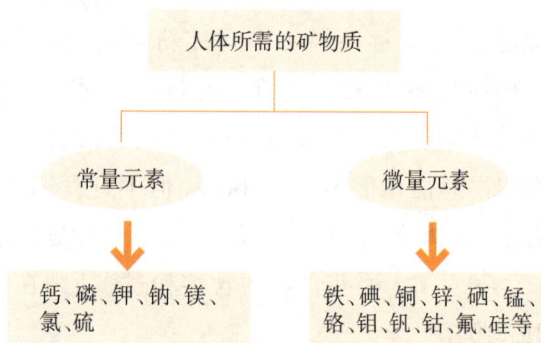

图2-5　人体矿物质种类

矿物质是构成人体的重要成分，在人体生理活动中起着特别重要的调节作用，同样也是人体必需的营养元素之一。人体主要的矿物质及其功能如表2-8所示。

表2-8　矿物质及功能介绍

元素	主要功能	典型病症
钙 Ca	1. 形成和维持骨骼和牙齿的结构 2. 维持肌肉和神经的正常活动 3. 参与血凝过程，调节酶活性	缺乏：儿童佝偻病，成人骨质疏松 过量：增加肾结石概率，奶碱综合症(高血钙症，碱中毒，肾功能障碍)
磷 P	1. 构成骨骼和牙齿的成分 2. 细胞核酸、磷脂及某些酶成分 3. 参与糖类、脂肪的吸收代谢	缺乏：佝偻病样骨骼异常
钠 Na	1. 调节体内水分和渗透压 2. 维持酸碱平衡 3. 维持血压正常 4. 增强神经肌肉兴奋性	缺乏：早期症状不明显，严重会视力模糊、心率加速、昏迷、休克 过量：高血压主要诱因
钾 K	1. 维护糖、蛋白质的正常代谢 2. 维持细胞内正常渗透压 3. 维持神经肌肉应激性和正常功能 4. 维持心肌的正常功能 5. 维持细胞内外正常的酸碱平衡 6. 降低血压	缺乏：肌肉无力、瘫痪、心律失常、横纹肌肉裂解症、肾功能障碍
镁 Mg	1. 激活多种酶的活性 2. 抑制钾、钙的通道 3. 维护骨骼生长神经肌肉兴奋性 4. 维护胃肠道功能	缺乏：神经肌肉兴奋性亢进 过量：胃肠道反应，严重时肌肉反应麻痹甚至心搏停止

元　素	主　要　功　能	典　型　病　症
氯 Cl	1. 维持细胞外液的容量与渗透压 2. 维持体液酸碱平衡 3. 参与血液 CO_2 运输 4. 参与胃酸形成	**缺乏**：代谢性碱中毒 **过量**：胃酸过多，造成身体不适
铁 Fe	1. 参与血红蛋白、肌红蛋白合成 2. 提高机体免疫力	**缺乏**：缺铁性贫血，身体发育受阻，体力下降，注意力记忆力障碍，学习能力降低 **过量**：中毒，消化道出血，死亡率高
碘 I	1. 参与能量代谢 2. 促进代谢和体格的生长发育 3. 促进神经系统发育 4. 促进甲状腺激素合成	**缺乏**：甲状腺肿，克汀病 **过量**：甲状腺肿，甲亢
锌 Zn	1. 催化近百种酶的活性 2. 维持细胞膜稳定，减少毒素吸收和组织损伤 3. 调节胰岛素、前列腺素分泌	**缺乏**：皮炎，生长缓慢，味觉障碍，异食癖，胃肠道疾病，免疫功能减退 **过量**：胃肠道疾病，严重会贫血，免疫功能降低
硒 Se	1. 含硒蛋白抗氧化、调节甲状腺激素代谢 2. 维持正常免疫、生育功能 3. 抗肿瘤、抗艾滋病作用	**缺乏**：克山病，大骨节病 **过量**：头发脱落和指甲变形，严重者可死亡
铜 Cu	1. 催化体内氧化还原反应 2. 对脂质和糖代谢有一定影响	**缺乏**：胆固醇水平升高 **过量**：脂质代谢紊乱
铬 Cr	加强胰岛素，预防动脉粥样硬化	**缺乏**：生长迟缓、葡萄糖耐量损害，高葡萄糖血症
钼 Mo	1. 催化嘌呤、嘧啶氧化及解毒 2. 增强氟的作用	**缺乏**：生长发育迟缓甚至死亡 **过量**：痛风
钴 Co	1. 维生素 B_{12} 的组成部分 2. 促进甲状腺素合成	**过量**：中毒
氟 F	促进在骨骼与牙齿的形成	**缺乏**：龋齿，骨质疏松 **过量**：中毒，斑釉症，氟骨症

二、婴幼儿矿物质需求量及食物来源

（一）婴幼儿矿物质的供给量

人体内的矿物质供给量随年龄增长而增加，但元素间比例变动不大。它们既不能在体内合成，只能靠食物供给，因此应通过膳食补充。在我国，婴幼儿必需的而又容易缺乏的矿物质主要有钙、铁、锌，此外，内陆地区甚至部分沿海地区碘缺乏病也较为常见。

表 2-9　婴幼儿对几种矿物质的每日适宜摄入量 AI

	0 岁～	0.5 岁～	1 岁～	4 岁～	7 岁～
钙（mg）	300	400	600	800	800
铁（mg）	0.3	10	12	12	12
锌（mg）	1.5	8	9	12	13.5
碘（ug）	50	50	50	90	90

钙是人体中含量最大的无机盐，且婴幼儿每 1～2 年更新一次，因此婴幼儿对钙的需要量相对比成人要大得多。母乳中钙吸收率高，出生后前 6 个月的全母乳喂养的婴儿并无明显的缺钙。尽管牛乳中钙量是母乳的 2～3 倍，但钙磷比例不适合婴儿需要，且吸收率较低，所以非母乳喂养的婴儿要注意钙的补充。

足月新生儿体内有300 mg左右的铁储备，通常可防止出生后4个月内的铁缺乏。早产儿及低出生体重儿的铁储备相对不足，在婴儿期容易出现铁缺乏。1～3个月时母乳的铁含量为0.6～0.8 mg/L，4～6个月时为0.5～0.7 mg/L。牛乳中铁含量约为0.45 mg/L，低于人乳的铁含量，且吸收率明显较低。我国1岁以后幼儿（尤其是农村）膳食铁主要以植物性铁为主，吸收率低，幼儿期缺铁性贫血成为常见和多发病。

足月新生儿体内锌也有较好的储备，母乳喂养的婴儿在前几个月内因可以利用体内储存的锌而不易缺乏，但在4～5个月后也需要从膳食中补充。

婴儿期缺碘可引起智力低下、体格发育迟缓为主要特征的不可逆性损害。我国大部分地区天然食品及水中含碘量较低，如孕妇和乳母不使用碘强化食品，则新生儿及婴儿容易出现碘缺乏病。幼儿是对缺碘敏感的人群，应注意碘的补充。

（二）矿物质的食物来源

钙的来源比较丰富，其中，以乳和乳制品为最佳，不仅含钙量高，而且极易吸收，是最理想的钙源。海产品中的虾米、虾皮；豆类及豆制品，尤其是大豆、黑豆；此外，芝麻及芝麻酱等含钙量也比较丰富。

牛奶含铁量很少，膳食中铁的良好食物来源是动物的肝脏和血，其中禽类的肝脏和血的铁含量达40 mg/100 g以上。蛋黄中虽含铁量较高，但因含有干扰因素，吸收率仅3%。

锌的最好食物来源是蛤贝类，如牡蛎、扇贝等，每100 g可达10 mg以上的锌；其次是动物的内脏（尤其是肝）、蘑菇、坚果类和豆类也含有一定量的锌，鱼、禽、蛋、肉等食物锌含量丰富，利用率也较高。

含碘较高的食物主要是海产品，如海带、紫菜、海鱼。为保障婴幼儿碘摄入量，除必须使用碘强化食盐烹调食物外，还建议每周膳食至少安排1次海产食品。

第六节　维生素的需求

一、维生素的种类及主要生理功能

（一）维生素的种类

维生素是维持机体正常代谢所必需的一类低分子有机化合物。根据维生素的溶解性可以将其分为脂溶性维生素和水溶性维生素两大类，具体种类可见图2-6。维生素命名可按发现的顺序、功能或者化学结构命名，目前尚未统一，可根据不同使用目的使用下面三类不同的名称，维生素的命名见表2-10。

（二）维生素的生理功能

已经发现的维生素有几十种，虽然化学结构与生理功能各异，但具有共同的特点：维生素或其前体都存在于天然食物中；都不能供给热能，也不构成机

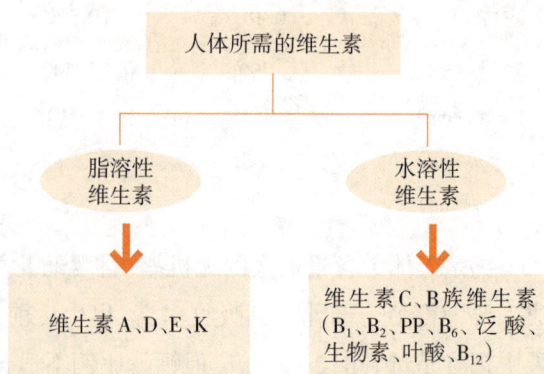

图2-6　人体维生素种类

体组织;对其需求量虽然很小,但缺乏时会导致相应的缺乏症,过量时则导致中毒;一般不能在体内合成(维生素D例外)或合成量很少,必须经常由食物供给。

表 2-10　维生素的命名和主要生理功能

以字母命名	以化学结构命名	以功能命名	生 理 功 能	典 型 病 症
维生素A	视黄醇	抗干眼病维生素	1. 维持正常视觉功能 2. 维持上皮组织健康 3. 促进生长与生殖	夜盲症、干眼病
维生素D	钙化醇	抗佝偻病维生素	促进人体对钙的吸收和利用	儿童佝偻病成人软骨病
维生素E	生育酚	抗不孕维生素	1. 抗氧化作用 2. 保持红细胞的完整性	溶血性贫血
维生素K	叶绿醌	凝血维生素	有助于血液凝固	紫癜、新生儿出血症
维生素B$_1$	硫胺素	抗脚气病维生素	1. 促进胃肠蠕动,增强食欲 2. 促进神经组织兴奋传导	婴儿脚气病
维生素B$_2$	核黄素		1. 帮助糖和脂肪释放能量 2. 皮肤黏膜细胞正常生长	脂溢性皮炎、口角炎
维生素B$_3$、维生素PP	尼克酸、尼克酰胺烟酸	抗癞皮病维生素	1. 变为辅酶促进体内新陈代谢 2. 降低血胆固醇、保护心血管	癞皮病
维生素B$_5$	泛酸	抗压力维生素	1. 构成辅酶a参与能量代谢 2. 制造抗体功能 3. 维护头发、皮肤、血液健康	无典型病症
维生素B$_6$	吡哆醇、吡多胺、吡哆醛		参与氨基酸、脂肪酸代谢	脂溢性皮炎
维生素B$_9$、维生素H	生物素		1. 变为辅酶促进CO$_2$的转化 2. 糖等能量物质关键调控元件 3. 提高人体免疫功能	脂溢性皮炎
维生素B$_9$、维生素M	叶酸		1. 催化白血球、红血球的制造 2. 抑制心脑血管疾病发生 3. 预防胎儿神经管缺陷	巨幼红细胞性贫血、胎儿神经管畸形
维生素B$_{12}$	钴胺素、氰胺素	抗恶性贫血症维生素	催化红血球的制造	巨幼红细胞性贫血
维生素C	抗坏血酸	抗坏血病维生素	1. 抗氧化作用 2. 保持血管弹性,降低脆性 3. 增强抗体形成,解毒 4. 辅助治疗贫血	坏血病

二、婴幼儿维生素的需求量及食物来源

（一）婴幼儿维生素的供给量

婴幼儿较易发生的维生素缺乏症主要有维生素A、D、B$_1$、B$_2$、C。

母乳及配方奶粉中含有较丰富的维生素A,用母乳喂养和配方奶粉喂养的婴儿一般不需额外补充。牛乳中的维生素A仅为母乳含量的一半,用牛乳喂养的婴儿需要额外补充150～200 μg/日维生素A。维生素A缺乏症的发生,常因喂养不合理,如长期以脱脂乳、乳儿糕、稀粥为婴幼儿主食,长期腹泻也可致维生素A缺乏。一般情况下,正常膳食不会引起维生素A摄入过多,但是,若给婴幼儿服用过多浓缩鱼肝油或维生素A制剂,则会导致中毒。

由于人体所需要的维生素D既可以由膳食提供，又可经暴露于阳光紫外线下的皮肤合成，因此，准确估计维生素D的膳食摄入量是很困难的。人乳及牛乳中维生素D含量均较低，从出生2周到1岁半之内都应添加维生素D，主要应由膳食供给，用量如表2-11所示。但不应过量给予，因为每日摄入量超过20 μg将会中毒，所以应遵医嘱进行补充。

维生素B_1在体内储存极少，缺乏的原因主要是长期食用精米细粮，烹饪方法不当或机体处于特殊生理状态。维生素B_2在体内的耗竭时间为60～180天，膳食中供应不足2～3个月后即可发病。缺铁性贫血的儿童常伴有维生素B_2缺乏。

母乳喂养的婴儿可从乳汁中获得足量的维生素C。牛乳中维生素C的含量仅为母乳的1/4（约11 mg/L），又在煮沸过程中有所损失，因此，纯牛乳喂养儿应及时补充富含维生素C的辅食。幼儿期典型的维生素C缺乏症在临床上已不常见，但亚临床缺乏对健康的潜在影响仍受到关注，如免疫力下降和慢性疾病的危险增加等。

表2-11　婴幼儿对几种维生素的每日推荐摄入量 RNI

	0岁～	0.5岁～	1岁～	4岁～	7岁～
维生素A（μg）	400（AI）	400（AI）	500	600	700
维生素D（μg）	10	10	10	10	10
维生素B_1（μg）	0.2（AI）	0.3（AI）	0.6	0.7	1
维生素B_2（μg）	0.4（AI）	0.5（AI）	0.6	0.7	1
维生素C（μg）	40	50	60	70	80

早产儿和低出生体重儿容易发生维生素E缺乏，引起溶血性贫血、血小板增加及硬肿症。建议婴儿的维生素E适宜摄入量为3 mg维生素E当量/日。

新生儿肠道内正常菌群尚未建立，肠道细菌合成维生素K较少，容易发生维生素K缺乏症（出血）。母乳约含维生素K 15 μg/L，牛乳及婴儿配方奶粉约为母乳的4倍，母乳喂养的新生儿较牛乳或配方食品喂养者更易出现维生素K缺乏性出血。因此，对新生儿尤其是早产儿出生初期要注射补充维生素K。出生1个月以后，一般不容易出现维生素K缺乏。长期使用抗生素时，则应注意补充维生素K。

（二）维生素的食物来源

浓缩鱼肝油中富含维生素A。可考虑每周摄入1次含维生素A丰富的动物肝脏，每天摄入一定量蛋黄、牛奶。植物性食物含有胡萝卜素，又称维生素A原，可在体内转化成维生素A，胡萝卜素的较好来源是深绿色或黄红色蔬菜和水果，如菠菜、芹菜、胡萝卜等。

婴幼儿是特别容易发生维生素D缺乏的易感人群，富含维生素D的食物较少，给婴幼儿适当补充鱼肝油和维生素D制剂可预防维生素D缺乏症，适当户外运动（晒太阳）可促进体内维生素D的合成。

膳食中维生素B_1主要来源于非精制的粮谷类，在谷类的麸皮和糠中维生素B_1的含量很高，如只进食细面则明显放弃了摄入较多维生素B_1的机会，米类经淘洗，维生素B_1的损失率可达40%～60%，此外，维生素B_1在碱性环境中热稳定性极差，如果在制作稀饭时加碱，大部分维生素B_1会被破坏。此外,坚果、大豆、瘦肉和动物内脏,发酵生产的酵母制品也含有丰富的维生素B_1。维生素B_2在动物性食物中含量较高,尤其内脏(肝脏、肾脏、心脏);其次是奶类、蛋类;许多绿叶蔬菜和豆类含量也较多。

维生素C在蔬菜、水果中含量丰富,适合在酸性环境中保存,碱性环境、高温烹饪或长时间存放在干燥空气中,会使维生素C破坏。

维生素E只能在植物中合成,所有的高等植物的叶子和其他绿色部分均含有维生素E。维生素K是绿色植物叶绿体的组成部分,故绿色蔬菜中含量丰富,动物肝脏、鱼类的维生素K含量也较高。

第七节　水　的　需　求

表2-12　成人每天水分出入量

水 的 入 量(ml/24h)		水 的 出 量(ml/24h)	
固体和半固体食物	1 200	肾脏排出	1 500
饮料(水、茶、汤及流食)	1 000	皮肤蒸发	500
物质代谢产生的水	300	肺呼吸	350
		粪便排出	150
总　计	2 500	总　计	2 500

一、水的主要生理功能

水在人体内含量最高。因年龄差异,在体内含量稍有区别,胎儿时期水的含量为90%,婴儿时期水的含量是80%以上,成人水的含量为60%～70%,老年人则在60%以下,所以婴幼儿对水的需求量相对更高。除了不能产生热量以外,水既是构成细胞和体液的主要成分,又起着调节体温及运输等调节作用,其重要性仅次于空气,如果机体失水20%,人就不能维持生命。

二、婴幼儿水的需求量及注意事项

(一)婴幼儿水的供给量

水是婴幼儿需要量最大的营养素。在正常情况下,每日的摄入和排出量保持动态平衡,使机体保持着正常的含水量,即水平衡。婴幼儿对水的需要量主要取决于活动量的大小、外界气温的高低、空气的干燥程度以及食物性质和量的多少,营养学上并没有规定膳食需要供给量。美国食品与营养委员会认为,人体每获得1 000 kcal热量的食物,应补充1 000 ml水,同时,由于婴幼儿新陈代谢旺盛,体表面积相对较成人大,因而水分从身体表面蒸发得也比较多,如果按千克体重计算,需水量较成人高,而且年龄越小,需水量相对越大,对婴儿更高,应为每日1 500 ml左右。详见表2-13。

表 2-13　婴幼儿每日每千克体重水的需要量（ml）

年　龄	0岁～	1～3岁	4～6岁	7岁～
需要量	110～155	100～150	90～110	70～85

　　如果婴幼儿每日水的摄入量过少，会影响正常代谢，因此应当每天保证供给婴幼儿充足的饮用水，做到让幼儿按需饮水，及时满足婴幼儿的饮水需求。但是，水的摄入也不是多多益善，饮水太多，可能会加重心肾负担。

　　（二）婴幼儿饮用水的注意事项

　　婴幼儿理想的饮用水应该是以符合卫生要求的、价格低廉的白开水为主，因为纯净的水是各种营养物质的溶解媒体，有利于婴幼儿各种营养成分的吸收。但是要注意，饭前不要给孩子喝水，饭前喝水可使胃液稀释，不利于食物消化，也会影响食欲。其次，年龄较小的孩子在夜间深睡后不能自己完全控制排尿，如果在睡前喝水多了，很容易尿床，即使不尿床，也会影响睡眠质量。另外，也可给婴幼儿辅助一些自制饮料，如绿豆汤、酸梅汤、稀粥等。

资料链接

怎样安排婴幼儿喝水时间

　　一般来讲在新生儿期，由于母乳喂养次数较多，若奶水充足的话，一天喂1～2次也就足够了。随着年龄增长，喂水次数和每次喂水量都要增加。但是实际喝多少水，可随宝宝自己的意思，若宝宝不愿意喝就算了，这说明宝宝体内的水分已经足够了。若无特殊情况，一般在两次喂奶（喂食）之间，在屋外时间长了、洗澡后、睡醒后、晚上睡觉前等都需要给宝宝喝水。但喂奶前不要给他喝水，以免影响喂奶。

第八节　膳食纤维的需求

一、膳食纤维的主要生理功能

　　食物中的膳食纤维包括不可溶性膳食纤维（纤维素、半纤维素）和可溶性膳食纤维（果胶、植物胶等）。不可溶性膳食纤维能吸水膨胀，增加粪便的体积重量，刺激肠道蠕动，增强肠道的排泄能力；可溶性膳食纤维可以在婴幼儿大肠处发酵，促进肠道有益菌的生长，也可充盈肠道，加速肠道排空时间，从而减少肠道有毒有害物质的滞留和吸收，亦有助于减少婴幼儿便秘的发生。婴幼儿通过膳食纤维的摄入，还可以促进咀嚼肌的发育，有助于婴幼儿牙齿和下颌的发育。

二、膳食纤维的需求量及注意事项

（一）婴幼儿膳食纤维的供给量

由于婴幼儿肠道功能尚不健全，菌群类型还不完善，高膳食纤维和植酸盐对营养素吸收利用有影响，所以应控制婴幼儿对于不能吸收的多糖类物质膳食纤维的摄入。一般情况下，在孩子满1岁以后才能提供全麦面包等富含膳食纤维的食材。过量的膳食纤维在肠道易膨胀，引起胃肠胀气、不适或腹泻，所以对膳食纤维的摄入进行一定量的控制。美国对于2岁以上幼儿，推荐每天膳食纤维最低摄入量应该是其年龄加上5 g。

（二）婴幼儿膳食纤维的食物来源

表 2-14　一些食物中膳食纤维的主要类别和总含量（%）

食 物 名 称	膳食纤维类别	膳食纤维含量	食 物 名 称	膳食纤维类别	膳食纤维含量
精白大米	不可溶性纤维	2.8	黄　豆	可溶性纤维、不可溶性纤维	9.3
全麦粉	不可溶性纤维	12.2	花　生	不可溶性纤维	8.5
燕麦粒	可溶性纤维、不可溶性纤维	10.6	菠　菜	不可溶性纤维	2.2
甘　薯	不可溶性纤维	3.0	苹　果	可溶性纤维、不可溶性纤维	2.4

膳食纤维只存在于植物性食物当中，粗麦面包、麦片粥、蔬菜、水果是膳食纤维的主要来源。日常食用的玉米渣膳食纤维含量很丰富，用燕麦制成的麦片是极好的膳食纤维来源。婴幼儿添加膳食纤维应逐步增加，循序渐进，给消化系统一个适应的时间。在膳食纤维摄取上应该遵循多样性来源原则，这样可以保证多种膳食纤维都能摄取到，而不仅是局限于单一品种。另外，对婴幼儿膳食纤维的烹饪要多放水，烹饪得柔软一点，减少纤维对胃肠道的刺激。

【思考题】

1. 婴幼儿对能量的需求量是如何计算的？

2. 淀粉和膳食纤维有什么不同功效？

3. 食物中的脂肪酸可以怎样分类？它们都存在于哪些食品当中？对婴幼儿生长有何意义？

4. 婴幼儿蛋白质的食物来源是哪些？哪些食物当中的蛋白质属于高质量的蛋白质？

5. 简述婴幼儿较易缺乏的矿物质、生理功能和补充食物来源。

6. 补充维生素可以从哪些途径考虑？

7. 婴幼儿如何补充水分？

第 三 章
婴幼儿食物选择

- 了解各类食品的结构特点及加工烹调对食品营养价值的影响
- 掌握谷类、豆类、蔬菜、水果、肉、奶等各类食品的营养价值及婴幼儿的食物选择

食品是供给人体热能及各种营养素的物质基础。食品种类繁多,依据其性质和来源可大致分为:动物性食品(如畜禽肉类,鱼、虾等水产食品,奶和蛋等);植物性食品(如粮谷类、豆类、蔬菜、水果等);其他食物(如调味品、油脂、软饮料等加工食品等)。

食品的营养价值通常是指食品中所含营养素和热能满足人体营养需要的程度。营养价值的高低取决于食品中所含营养素种类是否齐全、数量多少、相互比例是否适宜、是否易消化吸收及加工烹调的影响。

第一节 粮谷类食物的选择

粮谷类是供给人体热能最主要的来源,如小麦、黑麦、水稻、玉米、小米、高粱等,供给人体70%的热能和大约50%的蛋白质。粮谷类食品在我国膳食构成比为49.7%,占有重要地位。同时,粮谷类供给的无机盐和B族维生素,也在膳食中占相当的比重。

一、粮谷类食品的营养

1. 粮谷类的结构

粮谷类籽粒都有相似的结构,均由三部分组成,即位于中心且富含蛋白质和淀粉的胚乳,保护性外壳谷皮,以及位于种子底部附近的胚或胚芽,如图3-1。

(1)谷皮

谷皮亦称麸皮,约占种粒的13%～15%。谷皮主要由纤维素和半纤维素组成,且含有多量的矿物质。谷粒去掉谷皮即为米粒。糊粉层介于谷皮与胚乳之间,含有较多的磷和丰富的B族维生素及无机盐,有重要营养意义。但在谷类碾磨加工过细的时候容易与谷皮同时被分离而混入糠麸中,影响其营养价值。

(2)胚乳

胚乳占籽粒质量的78%～84%,含有大量的淀粉,蛋白质居第二位,易被人体消化吸收,是制粉过程中主要的提取部分。胚乳含量越多,出粉率越高。胚乳中蛋白质的数量和质量是影响面粉品质的决定因素。

图3-1　谷粒结构示意图

(3)胚

胚又称胚芽,占籽粒的2.5%～3.5%。胚芽含相当高的蛋白质,含有较多的B族维生素,其中以维生素B_1含量最多。胚芽还富含维生素E(总生育酚),可达500 mg/kg。由于胚芽中含有较多不饱和脂肪酸,容易氧化变质,混入面粉中使面粉不易保存并影响粉色,所以在加工高精度面粉时不应把胚芽混入面粉中。

2. 粮谷类的营养

粮谷类由于品种、地理和气候以及其他因素不同,其组分含量也有所不同。一般含水约10%～14%、碳水化合物58%～72%、蛋白质8%～13%、脂肪2%～5%、不易消化的纤维素2%～11%,及每100 g含有1 256 kJ～1 465 kJ的热量。

(1)碳水化合物

碳水化合物是粮谷类含量最高的化学成分。它主要包括淀粉、纤维素以及各种游离糖和戊聚糖。淀粉是粮谷类中含量最多、最重要的碳水化合物,是人体最理想、经济的热能来源。一般植物淀粉可分为直链淀粉和支链淀粉两种,直链淀粉含量为20%～25%,经烹调后容易消化吸收,而支链淀粉在加工糊化后较难消化。如糯米中的淀粉几乎全部是支链淀粉,因此煮出的粥较黏稠。在婴幼儿添加辅食及膳食过程中不建议过多食用糯米及其制品。

(2)蛋白质

粮谷类蛋白质含量一般为8%～16%,平均13%左右。蛋白质的营养品质与其氨基酸的含量和构成有直接关系,一般粮谷类蛋白质的营养价值低于动物性食品,所含氨基酸不够完全,赖氨酸、色氨酸和蛋氨酸都偏低。但小米和糜子米中的氨基酸却较丰富,接近动物性食品。赖氨酸在荞麦面和莜麦面中为最多,所以各种粮食混合食用可提高蛋白质的生物学价值。建议幼儿可以每周食用一到两次杂粮粥或杂粮饭。

(3)脂肪

粮谷类脂肪含量很低,一般为2%～5%,但含有较多的不饱和脂肪酸和少量的植物固醇、卵磷脂,具有降低血胆固醇、防止动脉粥样硬化的作用。在粮谷类籽粒各部分中,胚芽中含量最

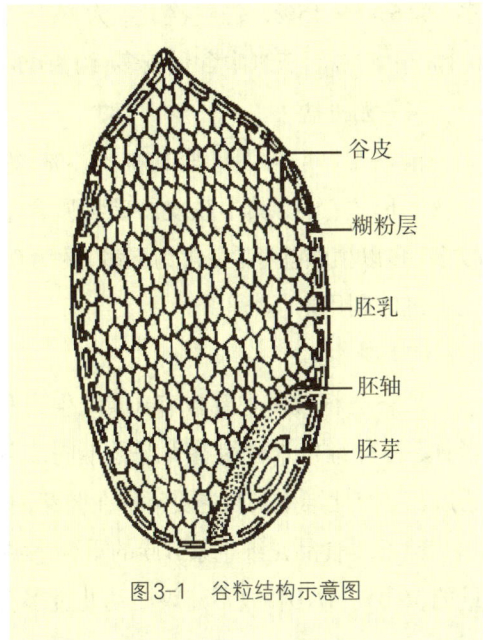

多，为6%～15%；麸皮次之，为3%～5%；胚乳最少，为0.8%～1.5%。玉米中含量较多，约为4%左右。

（4）无机盐

粮谷类一般含无机盐1.5%～3%，绝大部分是以无机化合物的形式存在，其中麸皮的矿物质含量最高。粮谷类含磷较多，多以植酸盐存在，含钙不多，约为0.05%，几乎大部分不能被机体利用。

图3-2　粮谷类食品

（5）维生素

粮谷类籽粒中主要含有B族维生素和维生素E，维生素A的含量很少，几乎不含维生素C和维生素D。各种维生素在粮谷类籽粒不同部分中的分布很不均匀：水溶性B族维生素主要集中在胚和糊粉层；脂溶性维生素E主要集中在胚芽内，胚乳中极少。

粮谷类食品是维生素B族的重要来源，但碾磨过度的精白米面则大部分损失，甚至减少到原来含量的3/10～1/10。故不建议婴幼儿过多食用精白米面。

资料链接

精白米面的三大缺点

精白米面的第一大缺点：缺乏维生素

营养专家经常推荐多吃杂粮，多吃"全谷"类食物，如糙米、全麦面包等。所谓多吃"全谷"，就是把完整的谷粒脱壳后直接食用。不经过"精磨"处理，能保存粮食中天然含有的所有养分。全谷类食物对健康有诸多优点，其中之一就是维生素含量高。精白米的营养不及糙米和标准米。加工越精细的米、面所含的维生素就越少，营养价值不及糙米粗面。但是，米、面如果加工过分粗糙，所制出的食物感官也不好，会降低消化吸收率。可惜的是，如今要想买到标准面粉，已经是一件很不容易的事情了。大部分主食、糕点、零食等都是用精白米和精白面粉制作的。

与此相反，小米、糜子、玉米、高粱、荞麦、燕麦等杂粮因为不需要过多的精磨，其中的维生素保存比较多，维生素B_1、B_2的含量都高于我们日常吃的精白米面，是膳食中营养素的很好补充。所以说，为了保证维生素的摄入，也应该经常吃些全谷食物和粗粮。

精白米面的第二大缺点：造成酸性体质

食物中含有不同的化学元素，它们经过体内代谢之后，有些最终合成酸，有些最终合成碱。这两类元素如果平衡，食物便表现出中性；如果成酸性元素，如磷、硫、氯占优势，就是"成酸性食物"；如果钾、钙、镁、钠等成碱性元素占优势，就是"成碱性食物"。

可见，食物的味道和它的成酸、成碱性毫无关系。很多吃起来有酸味的食物，比如橘子、苹果、草莓、番茄等，其实是典型的成碱性食物；而那些一点都不酸的食物，比如肉、蛋等，实际上却可能会给人体带来酸性物质。

遗憾的是，生活富裕之后，人们饮食中的成酸性食物越来越多了，比如肉类、禽类、蛋类、鱼类、精白米面等；而能帮助调节体内环境的成碱性食物，如蔬菜、水果、豆类、薯类、菌藻类等，则吃得不够多，无法平衡过多的动物性食物带来的成酸性物质。

吃粗粮全谷类食物可以改善身体的酸碱平衡。建议每天至少一餐吃些粗粮全谷类食物，最好能够有两餐。例如，早餐吃两片全麦面包，晚上吃碗小米粥。

精白米面的第三大缺点：缺乏膳食纤维

粗粮可以提供不少膳食纤维，精白米面却不能。如果经常吃精白米面，最好额外补充一些富含纤维的蔬菜，如空心菜、芹菜、豆苗、韭菜、牛蒡、苜蓿芽等，并常常吃点甘薯。

3. 几种杂粮的营养特点

（1）高粱米

高粱米中的亮氨酸含量很多，含脂肪和铁比稻米多，但其他必需氨基酸含量不高。如加工过粗则饭色甚红、味涩，妨碍蛋白质的消化。一般以脱糠率20%的高粱米保存的营养成分最高，且感官性状亦好。

（2）小米

小米有粳、糯两种，所含蛋白质、脂肪及铁比稻米多，小米中蛋白质所含的苏氨酸、蛋氨酸和色氨酸较一般谷类为高。由于小米在碾磨过程中只是去了外皮，所以小米中硫胺素和核黄素的含量丰富。每500 g小米中含硫胺素2.95 mg～3.30 mg，核黄素0.95 mg，比米面都高。小米中还含有少量胡萝卜素。

（3）玉米

玉米是我国主要杂粮之一，其中含蛋白质8%～14%，玉米粒中缺乏赖氨酸及色氨酸，所以玉米的蛋白质生物学价值低，食用时常混入15%～25%大豆粉，利用豆类中较丰富的赖氨酸来提高玉米的蛋白质生物学价值。玉米含脂肪6.1%，主要在胚芽中。从玉米胚芽中提取的胚芽油，不饱和脂肪酸占80%以上，其中60%为亚油酸，具有改善脑细胞功能、增强记忆力的作用，可作为婴幼儿烹饪用油。

高粱米　　　　　　　　　　小米　　　　　　　　　　玉米

图3-3　杂粮

二、婴幼儿粮谷类食品的合理食用

1. 加工

粮谷类加工的目的，是经适当的碾磨除去杂质和谷皮，以增进产品的感官性质，便于食用和易于消化吸收。粮谷籽粒中各种营养成分的分布很不均匀，因此，粮谷加工精度过高，将使大量含于谷粒周围部分和谷胚中的营养素，如维生素、无机盐、蛋白质和脂肪遭受严重的损失，致使粮谷类的营养价值大大降低。糙米中的维生素每百克含维生素B_1 0.35 mg ～ 0.45 mg，而精米中仅含 0.11 mg。脚气病的发生，即因长期食用过白的米面所致。反之，如果加工过分粗糙，面粉的化学组成愈接近全麦粉，粗纤维的含量就愈高，会造成感官性质不良，也会使消化吸收率降低。婴幼儿消化功能还未成熟，长期食用此类食物，会造成营养不良。因此，对于婴幼儿而言，粮谷类的加工就必须达到既可保持其消化吸收率与感官性质的良好，又要最大限度的保存其营养成分。

2. 烹调

为了保存粮谷的营养，合理的烹调也十分重要。粮谷中的营养素在烹调过程中可受到一定的损失。首先在淘米过程中，可使水溶性的硫胺素、核黄素、尼克酸及各种无机盐损失。淘米时硫胺素可损失29% ～ 60%；核黄素和尼克酸可损失23% ～ 25%；矿物质可损失70%；蛋白质、脂肪也有所损失。而且，搓洗次数愈多，淘米前后浸泡时间愈长，淘米用水温度愈高，则各种营养素损失也愈多。

去米汤的捞饭法，就是先将大米在水中浸泡加热，然后捞出再蒸，损失维生素、无机盐最多，比不去米汤的做饭法多损失40%左右。水煮面条时，会使部分营养素转入汤中，如硫胺素和核黄素约损失25%左右。很多人在制作婴幼儿辅食时，为帮助小儿消化吸收，很喜欢做汤泡饭。实际上这种做法营养素流失很多，并不提倡。

维生素B族是最容易被破坏的维生素，一般炸、烤、烙等烹饪方式，B族维生素损失较大。面包烘烤过程中可损失面粉中15% ～ 30%的维生素，而且赖氨酸会发生美拉德反应，使赖氨酸失去效能；油炸食物时因为加碱和高温油炸，可使硫胺素全部破坏，核黄素及尼克酸亦损失50%左右，但煮玉米时加碱，可使结合型的尼克酸分解成为游离型尼克酸，而被人体利用。

还要指出的是，要改变直接用生自来水煮饭的习惯，因生自来水中含有一定的游离性余氯，在烧煮过程中，氯气会破坏谷物中的B族维生素，尤其是维生素B_1。所以，平时烧饭最好用开水（因自来水在烧沸时氯气会被蒸发掉），这也是减少食物中维生素B_1丢失的一个好方法。

第二节　豆类的食物选择

大豆是我国七大粮食作物之一和四大油料作物之一，兼有粮、油两者之长。大豆含有丰富的营养成分，大约含40%的蛋白质、18%的脂肪、17%的碳水化合物，此外还含有丰富的维生素，营养价值非其他植物食品可比。

豆类品种很多，根据营养成分可分为两大类：一类是大豆类，按种皮颜色可分为黄豆、青豆、黑豆等；另一类是除大豆以外的其他豆类，如蚕豆、绿豆、赤豆、豌豆等。

一、大豆及其制品的营养

1. 大豆的营养

（1）大豆的种子结构

大豆的种子由种皮、子叶、种胚组成，成熟的大豆种子只有种皮和胚两部分。大豆种皮除糊粉层含有一定量的蛋白质和脂肪外，其他部分都是由纤维素、半纤维素、果胶质等组成。胚主要以蛋白质、脂肪、碳水化合物为主。

（2）大豆的营养

大豆的主要营养成分有蛋白质、脂肪、碳水化合物、矿物质、磷脂和维生素等，其含量与大豆的品种、产地、收获时间等有密切关系。

蛋白质是大豆最重要的成分之一，根据品种不同，大豆的蛋白质含量有较大的差别，我国的大豆蛋白质含量一般在40%左右，个别的品种可达50%以上。大豆蛋白质是一种优质的完全蛋白质。氨基酸含量全面，其中赖氨酸的含量特别丰富，而粮谷类食品缺少的正是赖氨酸，因此，在粮谷类食品中添加适量的大豆蛋白质或大豆制品，将弥补缺乏的赖氨酸，使粮谷类食品的营养价值得到进一步的提高。

大豆油脂中不饱和脂肪酸（主要是亚油酸和亚麻酸）的含量很高，达60%以上，同时含有丰富的磷脂。不饱和脂肪酸能抑制血块在心脑血管的内凝结或积聚，从而有助于预防中风和心血管疾病。经研究证明，大豆油在食用油中抗动脉粥样硬化的效果最佳。

大豆的油脂具有较高的营养价值，并且对大豆的风味、口感等方面有很大的影响。大豆制品中如含有一定量的油脂，才能使其口感滑润、细腻、有香气，否则会感到粗糙涩口。

大豆中的碳水化合物含量约为25%，其组成比较复杂，主要有蔗糖、棉子糖、水苏糖、淀粉等多糖。除蔗糖和淀粉外，都难以被人体所消化，其中有些在人体肠道内还会被微生物利用，并产生气体，使人有胀气感。因此，婴幼儿在食用大豆时要注意，可在制作大豆食品时，除去这些不消化的碳水化合物。

大豆里维生素含量以硫胺素较多，还有核黄素、尼克酸、维生素E，干大豆没有维生素C，但大豆发芽后，维生素C含量高。大豆还含有钙、磷、钾、镁、铁、铜、锌、铝等十余种矿物质。因此，大豆在我们的膳食里，不仅是植物蛋白质的来源，而且是优质脂肪、矿物质、维生素的良好来源。

2. 豆制品的营养

我国豆制品的种类很多，主要有豆腐及其制品（豆腐干、卷、丝）、豆浆、豆芽、发酵豆制品、大豆蛋白制品等。各种大豆制品因加工方法的差异和含水量的高低，其营养价值差别也很大。

豆腐是用黄豆作原料制成的，根据硬度不同分为嫩豆腐和老豆腐。豆腐的营养价值高于黄豆，因为取出了纤维组织，提高了消化率。豆腐点卤凝固时主要用的是石膏（硫酸钙），因此，钙的含量也有所提高，100 g豆腐含钙25 mg左右，但维生素和脂肪有所流失。

豆浆的营养成分在供给蛋白质上并不亚于鲜乳，铁含量（2.5 mg/100 g）超过鲜乳（0.2 mg/100 g）十余倍，其不足之处是脂肪和碳水化合物不多，供给的热量较鲜乳低。此外，钙、核黄素比鲜乳少；缺乏维生素A和D是其很大的缺陷。若能补充其不足的营养成分，就可以代替牛乳喂养婴儿。

大豆经发芽后，其抗坏血酸含量一般含17 ～ 20 mg/100 g，因此，可作为在冬季或某些地区缺乏蔬菜时的良好抗坏血酸来源。但以大豆发豆芽是不经济的，因为干物质会损失20%左右，并且豆芽的豆瓣不易消化,影响对蛋白质的吸收。一般选绿豆代替大豆,绿豆芽不仅产量高,而且抗坏血酸含量也较黄豆芽高,在供给维生素上更加优于黄豆芽。

3. 其他豆类的营养价值

其他豆类包含豌豆、蚕豆、绿豆、赤小豆、芸豆、刀豆等,其营养素的组成和含量与大豆有很大的区别,碳水化物含量比较高,为50%～60%;蛋白质的含量低于大豆,但高于粮谷类,为25%左右;脂类的含量比较低,约为1%。我国上述豆类的种植比较广,品种比较多,是一类重要的食物。下面介绍常见的三种。

(1)豌豆

豌豆中蛋白质含量为20%～25%,色氨酸的含量较多,蛋氨酸相对比较缺乏;脂类含量低,只有1%左右;碳水化物的含量高,为57%～60%;B族维生素的含量比较丰富,钙、铁的含量也比较多,但其消化吸收率不高。未成熟的豌豆含有一定量的蔗糖,因而有一定的甜味,并含有一定量的抗坏血酸。

(2)赤小豆

赤小豆蛋白质含量为19%～23%,脂类含量也远远低于大豆,为1%～2%,碳水化物含量为55%～60%,磷、铁、B族维生素的含量与豌豆相似。具有通便、利尿和消肿的作用。赤小豆可制成豆沙做馅或做甜食,也可煮粥,婴幼儿一般都喜食。

(3)绿豆

绿豆营养素的组成和含量与赤小豆相似,但绿豆中的淀粉主要为戊聚糖、糊精和半纤维素,用它制成的粉丝韧性特别强,久煮不烂,常用于粉丝的制作。用绿豆煮汤治暑热烦渴,是婴幼儿喜爱的食物。

豌豆　　　　　　　　赤小豆　　　　　　　　绿豆

图3-4　豆类食品

二、婴幼儿豆类食物的合理食用

豆类经过不同的加工方法可制成多种豆制品。经过加工的豆类蛋白质消化率、利用率均有所提高,如大豆经浸泡、制浆、凝固等多道工序后,不仅除去了大豆中的纤维素、抗营养因子,而且大豆蛋白质的结构从密集变成疏松状态,提高了大豆的营养价值。

大豆蛋白质的消化率因烹调方法不同而有差异，生黄豆中含有抗胰蛋白酶、植物红细胞凝集素等，影响蛋白质的消化。煮熟后因抗胰蛋白酶被破坏，可提高其消化率。整粒熟大豆的消化率仅为65.3%，做成豆腐后消化率可提高至92%～96%。婴幼儿可每天食用一到两种大豆及其制品。有部分人认为大豆中含有植物雌性激素，不建议婴幼儿，尤其是男童食用，这并没有理论依据。

第三节　蔬菜、水果类的食物选择

蔬菜、水果是由许多不同的化学物质组成，这些物质中大多数是人体所需的营养成分，是保持人体健康必不可少的。大多数新鲜蔬菜和水果水分含量很高，蛋白质、脂肪含量低，含有一定量的碳水化合物及丰富的矿物质和维生素。水果和蔬菜在膳食中不仅占有较大的比例，而且，对增进食欲、帮助消化、维持肠道正常功能及丰富膳食的多样化等方面具有重要的意义。

几种代表性的蔬菜和水果的营养成分见表3-1。

表 3-1　蔬菜、水果的营养成分

（每百克食部计）

果蔬名称	热量（cal）	蛋白质（g）	脂肪（g）	碳水化合物（g）	维生素A国际单位（IU）	维 生 素 B			维生素C	矿 物 质	
						维生素B_2（mg）	维生素B_1（mg）	烟酸（mg）		钙（mg）	铁（mg）
甘蓝	26	3.1	0.3	4.5	2 500	0.09	0.20	0.8	90	88	0.8
胡萝卜	42	1.1	0.2	9.7	11 000	0.06	0.05	0.6	8	37	0.7
花椰菜	27	2.7	0.2	5.2	60	0.11	0.10	0.7	78	25	1.1
芹菜	17	0.9	0.1	3.9	240	0.03	0.03	0.3	9	39	0.3
番茄	22	1.1	0.2	4.7	900	0.06	0.04	0.7	23	13	0.5
菠菜	26	3.2	0.3	4.3	8 100	0.10	0.20	0.6	51	93	3.1
南瓜	33	1.0	0.3	7.9	6 400	0.03	0.05	0.6	5	25	0.4
洋葱	38	1.5	0.1	8.7	40	0.03	0.04	0.2	10	27	0.5
甜瓜	30	0.7	0.1	7.5	3 400	0.04	0.03	0.6	33	14	0.4
苹果	58	0.2	0.6	14.5	90	0.02	0.02	0.1	4	7	0.3
香蕉	85	1.1	0.2	22.2	190	0.05	0.06	0.7	10	8	0.7
葡萄	69	1.3	1.0	15.7	100	0.05	0.03	0.3	4	16	0.4
梨子	61	0.7	0.4	15.3	20	0.04	0.02	0.1	4	8	0.3
柑橘	46	0.8	0.2	11.6	420	0.06	0.02	0.1	31	40	0.4
西瓜	26	0.5	0.2	6.4	590	0.03	0.03	0.2	7	7	0.5
菠萝	52	0.4	0.2	13.7	70	0.09	0.03	0.2	17	17	0.5

（摘自美国农业部《农业手册》第八册《食物的成分》）

一、蔬菜、水果的化学组成与营养

大多数果蔬含水量较高，一般为75% ~ 90%，其余部分为干物质。干物质可以分为水溶性和非水溶性物质。水溶性物质有糖、有机酸、果胶、单宁、花青素、部分维生素和无机盐类；非水溶性物质有矿物质、淀粉、纤维素、半纤维素、果胶、脂肪、部分维生素等。

1. 碳水化合物

包括糖、淀粉、纤维素和果胶物质。水果含糖较蔬菜多，如苹果和梨以果糖为主，葡萄、草莓以葡萄糖和果糖为主。根茎类蔬菜含较多淀粉，如土豆、藕等。蔬菜水果所含纤维素、半纤维素、木质素和果胶是人们膳食纤维的主要来源。

2. 维生素

蔬菜水果是提供维生素C、胡萝卜素、核黄素和叶酸的重要来源。维生素C一般在蔬菜代谢旺盛的叶、花、茎内含量丰富。一般深绿颜色蔬菜维生素C含量较浅色蔬菜高，叶菜中的含量较瓜菜中高。胡萝卜素在绿色、黄色和红色蔬菜中含量较多。水果中以鲜枣、柑橘、猕猴桃中维生素C含量较多，芒果、杏含胡萝卜素较多。

3. 矿物质

蔬菜水果中含有丰富的无机盐，如钙、磷、铁、钾、钠、镁、铜等，是膳食中无机盐的主要来源，对维持体内酸碱平衡起重要作用。但是，部分蔬菜中的草酸影响钙和铁的吸收。

4. 芳香物质、有机酸和色素

蔬菜水果中含有的各种芳香物质和色素，使食品具有特殊的香味和颜色，赋予了蔬菜水果以良好的感官性状。水果中的有机酸如苹果酸、柠檬酸、酒石酸等能刺激人体消化液的分泌，增进食欲，另外有机酸还使食物保持一定的酸度，可保护维生素C的稳定。

5. 生理活性成分

蔬菜水果中含有一些酶类、杀菌物质和具有特殊功能的生理活性成分。如萝卜中含有淀粉酶，生食时有助于消化；大蒜中含有植物杀菌素和含硫化合物，具有抗菌消炎、降低血清胆固醇等作用。

二、蔬菜水果分类及基本鉴别方法

1. 蔬菜分类

蔬菜按照食用部分的器官形态分为根菜类（如萝卜、胡萝卜），鲜豆类（如菜豆、蚕豆、豌豆），瓜茄类（如茄子、番茄、甜椒、黄瓜、南瓜），葱蒜类（如大蒜、大葱、洋葱、韭菜），叶菜类（如莴笋、竹笋、大白菜、油菜，花菜），水生蔬菜类（如茨菇、菱角、藕、茭白），薯芋类（如马铃薯、山药、芋头）和野生蔬菜类（如香椿、苜蓿、蕨菜）。

2. 各种蔬菜的鉴别方法

（1）色泽：各种蔬菜都应有本品种固有的颜色，大多数有发亮的光泽，以此显示蔬菜的成熟度及新鲜程度。除杂交品种外，别的品种都不能有其他因素造成的异常色泽及色泽改变。

（2）气味：多数蔬菜具有清香、甘辛香、甜酸香等气味，可以凭嗅觉识别不同品种的质量，不允许有腐烂变质的亚硝酸盐味和其他异常气味。

（3）滋味：因品种不同而各异，多数蔬菜滋味甘淡、甜酸、清爽鲜美，少数具有辛酸、苦涩等特殊

图3-6 蔬菜

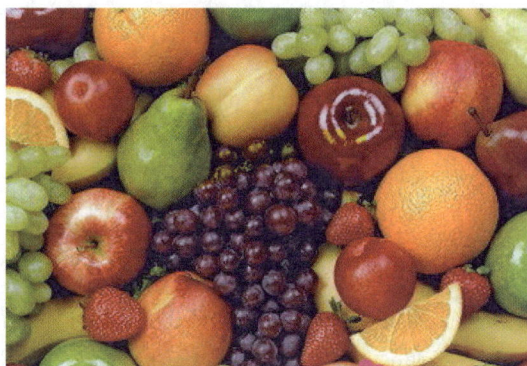

图3-7 水果

风味以刺激食欲,如失去本品种原有的滋味即为异常。改良的品质除外,如大蒜的新品种就没有"蒜臭味"。

3. 水果的感官鉴别要点

(1)目测:看果品的成熟度和是否具有该品种应有的色泽及形态特征;看果型是否端正,个头大小是否基本一致;看果品表面是否清洁新鲜,有无病虫害和机械损伤。

(2)鼻嗅:辨别果品是否带有本品种所特有的芳香味,有时候果品的变质可以通过其气味的不良改变直接鉴别出来,像西瓜的馊味。

(3)口尝:感知果品的滋味是否正常,果肉的质地是否良好。

三、婴幼儿蔬菜、水果类食物的合理食用

蔬菜在使用前需经过加工烹调,加工方法主要有炒、煮、炖和凉拌等。加工烹调方法不当,会对蔬菜中的维生素和矿物质造成损失和破坏,尤其是维生素C。维生素C在水溶液中极易氧化损失,氧化速度随温度、酸度而不同,温度越高氧化损失越大,酸性溶液有保护维生素C的作用。蔬菜在烹调前,如清洗、削皮、切段或切块时,都可能造成维生素C的损失。因此,应在较完整的状态清洗,将切好的蔬菜要尽快地热烫,不要把切好的蔬菜泡在冷水里,或放置过久,使蔬菜中含有的天然维生素被破坏。烹调时不要加入苏打,苏打会使溶液变成碱性而加速维生素C的破坏。加工烹调蔬菜时尽量不要使用铜或铁制的器皿,铜和铁对维生素C的氧化有催化作用。

过度烹调或加热过度,会使蔬菜损失其全部维生素,应尽量采用急火快炒缩短加热时间,适宜生食的菜尽可能凉拌生食。所有的蔬菜与水果都含有某种酶,当被切断或捣碎时,释放出来的酶就会破坏组织里的维生素C,加酸或在沸水中短时热烫可破坏酶的活性、软化组织及消毒,并最大限度地避免维生素C的破坏。

胡萝卜素和维生素A是脂溶性维生素,不宜生食,最好是油炒肉炖,以便于人体吸收。性质较稳定,在通常烹调加工条件下损失较少,但在高温下,会与氧接触而被氧化、破坏,如用100℃以上的高温油炸蔬菜时,维生素A会全部被破坏。强烈的日光也会造成维生素A的破坏。

水果蔬菜在加工成其制品时,如罐头、果干、果酱、蔬菜干等,营养成分较高且外观也较吸引人,但各种加工过程都会造成营养成分不同程度的损失。

第四节　肉类的食物选择

肉及肉制品是人们日常饮食生活中不可缺少的食物,不仅因为它具有诱人的香味,更主要的是其富含人类所需要的多种营养物质,能满足机体正常生长发育的需要。

人类消费的主要肉来自家畜、家禽和水产动物,如猪、马、牛、羊、鸡、鸭、鹅和鱼虾等。肉类食品经加工烹调,味道鲜美,营养素容易消化吸收,饱腹作用强,是营养价值较高的食品。肉类中必需氨基酸组成见表3-2。

表3-2　肉类中必需氨基酸组成

食　物	必需氨基酸（g／100 g 蛋白态氮）								
	组氨酸	异亮氨酸	亮氨酸	赖氨酸	蛋氨酸	苯丙氨酸	苏氨酸	色氨酸	缬氨酸
牛　肉	21	28	49	52	23	45	27	7	30
猪　肉	26	27	49	59	21	44	27	7	30
羊　肉	20	30	49	55	24	46	27	7	34
鸡　肉	18	31	45	51	25	44	26	6	35
金枪鱼	18	29	51	57	25	46	27	7	32
虾	13	30	50	54	25	47	25	9	29

（摘自美国农业部手册8-1-8-21）

一、畜肉类的营养

畜肉主要是指猪、牛、羊的肌肉、内脏及其制品。其化学组成主要包括蛋白质、脂肪、水分、碳水化合物、少量的矿物质和维生素。这些营养素的分布,因动物的种类、部位以及肥瘦程度有很大差异。

1. 蛋白质

蛋白质含量一般为10% ～ 20%,以内脏,如肝脏等含量最高,可达21%以上;其次是瘦肉,含量约17%,其中牛肉较高,可达20.3%;肥肉的含量较低,如肥猪肉仅为2.2%。氨基酸组成基本相同,含有人体需要的各种必需氨基酸,并且含量高,其比例也适合于合成人体蛋白质,生物学价值在80%以上。

2. 脂肪

畜肉中脂肪含量根据品种、年龄、饲养时间及其运动程度而变化。一般而言,猪肉的脂肪含量大于牛肉、羊肉。肉类脂肪以饱和脂肪酸居多,如猪油含饱和脂肪酸42%,牛油53%,羊油57%。由于饱和脂肪酸多,脂肪熔点也较高,因此不易为人体消化吸收。

此外,肉类还含有较高的胆固醇。如肥的猪肉、牛肉和羊肉,含量达100 ～ 200 mg/100 g;内脏器官更高,如动物脑组织达2 000 ～ 3 000 mg/100 g,鸡肝和鸭肝达400 ～ 500 mg/100 g。因此,对患有冠心病、高血压及肥胖幼儿来说,畜肉类不是一种理想的食品。兔肉的脂肪含量低,仅0.4%,其中胆固醇也少,且蛋白质含量高,食后不至于使身体发胖。

3. 矿物质

矿物质总量为0.6%～1.1%,一般瘦肉中的含量较肥肉多,而内脏器官又较瘦肉中的多。肉类含钙量不多,仅为6～13 mg/100 g,但磷含量较多,达100～200 mg/100 g。动物肝和肾中含铁比较丰富,利用率也较高。猪肝的铁含量为25 mg/100 g,比肌肉组织多15倍;牛肝的铁含量为9.0 mg/100 g,是肌肉组织的10倍左右。铁在肉类食物中以血红素铁形式存在,其生物学有效性远优越于非血红素铁。

4. 维生素

维生素的含量以动物的内脏,尤其是肝脏为最多,其中不仅含有丰富的B族维生素,还含有大量的维生素A。B族维生素中以B_2含量最高,猪肝为2.08 mg/100 g,牛肝为1.30 mg/100 g,羊肝高达1.57 mg/100 g。维生素A也以羊肝为最高,含量高达29 900国际单位/100 g,其次是牛肝和猪肝。除此之外,动物肝脏内还含有维生素D、叶酸、维生素C、尼克酸和维生素B_2等,所以动物肝脏是一种营养极为丰富的食品。在婴幼儿膳食中建议每周食用一到两次动物肝脏。

二、禽肉类的营养

禽肉通常是指鸡、鸭、鹅肉,此外,还有鸽肉和野禽肉,如野鸡、野鸭等,它们所含的营养成分与大牲畜肉的营养成分相近,是人类食物中蛋白质营养物质的重要来源。禽肉的营养很丰富,含有人体所需的各种主要营养物质,如蛋白质、脂肪、碳水化合物以及钙、磷、铁、维生素等。此外,禽肉含有的许多芳香族物质,如肌酸和肌酐等,能给禽肉增添特殊的香味。因此,禽肉一直被人们公认为是最好的滋补食品之一。纯种的乌骨鸡是生产"乌鸡白凤丸"的主要原料,而乌鸡白凤丸是妇女滋补治病的良药。

禽脂不是以单独状态集中存在的,而是散布在肌肉组织间,因此更增加了肉的柔嫩性,提高了营养价值和适口性。另外,由于禽肉中结缔组织较柔软,脂肪分布较均匀,所以禽肉比牲畜肉更鲜嫩、味美,而且容易消化吸收。婴幼儿的膳食指导中禽肉类的食用要多于畜肉类。

含氮浸出物为非蛋白质的含氮物质,如游离氨基酸、磷酸肌酸等。这些物质左右肉的风味,是味香气的主要来源。禽类所含的含氮浸出物就同一种禽而言,随禽的年龄而异,幼禽肉汤中含氮浸出物质比老禽肉汤中含量少,所以幼禽肉的汤汁不如老禽肉汤汁鲜美,这也是一般人喜欢用老母鸡煨汤而仔鸡爆炒的原因。

三、水产品的营养

水产类包括各种海鱼、河鱼和其他各种水产动植物,如虾、蟹、蛤蜊、海参、海蜇和海带等。它们是蛋白质、无机盐和维生素的良好来源。我国水产品资源丰富,所产鱼类达1 500种以上,鱼类的营养成分随鱼龄、品种、鱼体部位、生产季节及地区而异。蛋白质含量尤其丰富,比如500 g大黄鱼中蛋白质含量约等于600 g鸡蛋或3.5 kg猪肉中的含量。水产品中藻类的一般的营养成分与水产动物的差异较大,粗蛋白和粗脂肪的含量较低,糖的含量较高。

1. 蛋白质

鱼类是蛋白质的良好来源,一般为15% ～ 20%,如桂花鱼含蛋白质18%,对虾20.6%,河虾17.5%,紫菜20.3%等。鱼类蛋白质的氨基酸组成与人体组织蛋白质的组成相似,因此生理价值较高,属优质蛋白。鱼类肌纤维较细短,间质蛋白较少,且结构疏松,水分含量较多,故肉质柔软细嫩,比畜、禽更易被人体消化吸收,其消化吸收率为85% ～ 90%,尤其适合婴幼儿食用。水产动物的必需氨基酸含量与组成都略优于禽畜产品。其中,贝类等于或略低于优质蛋白鸡蛋和牛肉、羊肉与猪肉;虾蟹类、鱼类和中华鳖则高于禽畜食品。

2. 脂肪

鱼类脂肪含量一般为3% ～ 5%。鱼类脂肪含量与组成和畜肉明显不同,不但含量低,且多为不饱和脂肪酸,因此熔点低,极易为人体消化吸收,其消化吸收率可达95%以上。但是,鱼类脂肪易被空气氧化,故难保存。有证据表明,大部分海鱼类由于其高含量的不饱和脂肪酸(高达70% ～ 80%),具有一定的防治动脉粥样硬化和冠心病的作用,对一些慢性疾病的治疗也有明显的效果。水产动物含人类所需的亚油酸、亚麻酸、花生四烯酸等必需脂肪酸和EPA、DHA,因此,不仅是优质食物,而且是保健营养品。DHA能促进脑细胞的生长发育,经常吃海洋动植物,多吸收DHA,能活化大脑神经细胞,改善大脑机能,尤其适合大脑及神经系统快速发育的婴幼儿。海水鱼的DHA含量明显高于淡水鱼类。

3. 无机盐

海产类的无机盐含量比肉类多,鱼肉中无机盐含量为1% ～ 2%,主要为钙、磷、钾和碘等。鱼肉含有丰富的碘,淡水鱼含碘5 ～ 40 μg/100 g,海水鱼则达到50 ～ 100 μg/100 g。鱼肉一般含钙比畜肉要高,虾皮中钙可高达991 mg/100 g,海产鱼的钙量比淡水鱼高。牡蛎富含铜和锌。锌与大多数酶系统活动有关,缺少锌可造成幼儿食欲不振,所以,常常通过食用牡蛎类等海产食品增加婴幼儿食欲,提高免疫力。建议幼儿每周食用一到两次海产品。

4. 维生素

鱼肉中维生素也很丰富,如鱼贝肉中所含的维生素A、维生素D、维生素E均高于畜禽肉类。海鱼肝脏特别富含维生素A、维生素E,可作为膳食及药用鱼肝油的维生素A的来源。婴幼儿辅食添加过程中维生素AD制剂大部分来自于此。鱼肉中的B族维生素的含量也较丰富。螃蟹及鳝鱼体内含有较多的核黄素和尼克酸,如每100 g鳝鱼中核黄素的含量为1 ～ 2 mg,是猪肉核黄素含量的10倍。有些生鱼内含有硫胺素酶可破坏硫胺素。因此鱼类中维生素B_1的含量普遍较低。

四、婴幼儿肉类食物的合理食用

1. 肉品质量评价

肉的理化性状、食用品质可以直接影响肉品的质量。可以从肉色、柔软度、保水性、坚硬度、肉味及化学成分等五项指标对肉的品质进行质量评价。

新鲜肉:脂肪洁白,肌肉有光泽,红色均匀,外表微干或微湿润,用手指压在瘦肉上的凹陷能立即恢复,弹性好,且有鲜猪肉特有的正常气味。

不太新鲜的肉:脂肪少光泽,肌肉颜色稍略,外表干燥或有些粘手,新切面湿润,指压后的凹陷不能立即恢复,弹性差,稍有氨味或酸味。

资料链接

"瘦肉精"猪肉鉴别

含瘦肉精猪肉,外观肌肉色泽深,脂肪层特薄,后腿异常饱满。"瘦肉精"进入动物体内主要分布于肝脏,肌肉中较肝脏中低很多。它的理化性质稳定,需加热到172℃时才能分解,一般的加热方法不能将其破坏。因此,中毒者多是一次吃了较多的猪肝引起。

抗生素、激素、农药残留的肉品,外观不易发现,需要通过化学检验鉴别。对于普通消费者来说应购买放心肉,放心肉是指经当地政府确定的定点屠宰厂(场)宰杀,并经过宰前检疫,宰后检验后健康无病的畜禽肉。不要贪图小利,购买病死毒肉等。

2. 加工烹调

肉类蛋白属优质蛋白,且含有谷类食物中含量较少的赖氨酸,因此肉类食品宜和谷类食物搭配使用。据实验,如果在植物蛋白质中加入少量的动物蛋白质,可使其生理价值显著提高,例如玉米、小米和大豆混合后,生理价值提高到73,但若加入少量的牛肉干,可使生理价值提高到89。故此,营养学家主张,膳食中动物性蛋白质,至少要达到总蛋白量50%以上。

烹调对肉类蛋白质、脂肪和无机盐的损失影响较小,但对维生素的损失影响较大。红烧和油炸,维生素 B_1 可损失60%～65%;蒸和清炖的损失次之;炒损失最小,仅13%左右。维生素 B_2 的损失以蒸时最高,达87%,清炖和红烧时约40%,炒时20%。炒猪肝时,维生素 B_1 损失32%,维生素 B_2 几乎可以全部保存。从保护维生素的角度,肉类食品宜炒不宜炖和蒸、炸等。

鱼肉和畜肉不同,其所含的水分和蛋白质较多,结缔组织较少,因此较畜肉更容易腐败变质,且速度也快,有些鱼类即使刚刚死亡,体内往往已产生食物中毒的毒素。因此,吃鱼一定要新鲜。有些水产动物易感染肺吸虫和肝吸虫,特别是小河和小溪中的河蟹,常是肺吸虫的中间宿主,如吃时未煮熟,就可能致病。在烹调加工时,应注意烧熟煮透。还有一些鱼,主要是青皮红肉鱼,如金枪鱼等,体内含有较多的组织胺,体质过敏者吃后会引起过敏反应。婴幼儿在首次食用水产品尤其是海水鱼时,家长一定要细心、耐心,少量多次食用,防止出现过敏反应。

第五节　乳类及制品的食物选择

乳类主要包括牛乳、羊乳等。乳类营养丰富,含有人体所必需的营养成分,组成比例适宜,容易消化吸收。它是婴幼儿主要食物,也是病人、老人、孕妇、乳母以及体弱者的良好营养品。乳类食品主要提供优质蛋白质、脂肪、维生素A、核黄素及矿物质(特别是钙),也提供乳糖,营养全面,易于消化吸收,而且是碱性食物。

一、乳的营养

乳是由多种物质混合组成的液体。主要成分有水分、蛋白质、脂肪、乳糖、无机盐类、磷脂、维生素、酶、免疫体以及其他的微量成分等。

牛乳中主要成分的含量为:水分87% ～ 89%;干物质11% ～ 14%(其中脂肪3% ～ 5%;蛋白质2.7% ～ 3.7%;乳糖4.5% ～ 5%;无机盐0.6% ～ 0.75%)。正常牛乳的化学成分基本是稳定的,但各种成分也有一定的变化范围,其中变化最大的是乳脂肪。因此,我们可以根据乳成分的变化情况判别乳的质量好坏。

1. 脂肪

牛乳中脂肪含量会由于乳牛的品种、健康状况、饲料等因素的变化而不同,一般含脂肪3% ～ 5%。乳脂肪是牛乳中最主要的成分之一,乳脂肪是以微细的球状成乳浊液分散在乳中,以保持脂肪呈乳胶状态便于消化吸收,其消化吸收率可达98%。乳脂肪不仅对牛乳的风味有关,而且是稀奶油、奶油、全脂乳粉、干酪、冰淇淋的主要成分。

2. 蛋白质

乳中蛋白质含量约为3.0%,牛奶和羊奶较高,达3.5% ～ 4.0%。牛乳的蛋白质组成以酪蛋白为主,占总蛋白质量的86%;其次是乳清蛋白,约为9%,还有乳球蛋白、血清免疫球蛋白和多种酶类等。牛奶蛋白质含有人体生长发育所必需的氨基酸,其消化吸收率可达87% ～ 89%,高于一般肉类,属于优质蛋白质,且含有多种免疫球蛋白,能增强人体抗病能力。因此,奶及奶制品是幼儿最好的食物来源。但是,人乳中酪蛋白和乳清蛋白所占的比例与牛乳相反,酪蛋白少,乳清蛋白含量高,易于被婴幼儿消化吸收。因此,婴幼儿尤其是初生儿不能直接食用牛乳。为了使乳制品的蛋白质组成接近于人乳,可利用乳清蛋白质加以调整,从而生产出母乳化的高质量婴儿配方奶粉。

3. 碳水化合物

牛乳中的碳水化合物含量为4% ～ 6%,主要是乳糖。乳糖在自然界中仅存在于哺乳动物的乳汁中,其甜度为蔗糖的1/6 ～ 1/5。一分子乳糖消化时可得一分子葡萄糖和一分子半乳糖。半乳糖对于幼儿的智力发育非常重要。乳糖的一个重要特点是能促进人类肠道内有益乳酸菌的生长,从而可以抑制肠内异常发酵造成的中毒现象,有利于婴幼儿肠道健康;乳糖还有调节胃酸,促进胃肠蠕动和消化腺分泌作用;同时乳糖有利于钙的吸收,因而乳中碳水化合物不仅能提供能量,而且营养价值要高于其他碳水化合物。人乳中乳糖比例较高,为7.0% ～ 7.9%。

4. 无机盐

牛乳中的无机盐含量为0.6% ～ 0.75%,主要有钾、钠、钙、镁、磷、硫、氯及铜、锌和锰等微量元素,其中钙含量高,而且钙、磷比例合理,有利于消化吸收,每升牛奶可提供1 200 mg钙,牛乳是人体钙最佳来源。但是,奶中铁含量较少,1L中仅含3 mg铁,如以牛奶喂养婴儿,应同时补充含铁高的食物,如新鲜果汁和菜泥、蛋黄泥等,以增加铁的供给。所以,婴幼儿在4 ～ 6个月时必须添加辅食,并逐渐向成人膳食过渡。此外,奶中的成碱元素(如钙、钾、钠等)多于成酸元素(氯、硫、磷),因此,奶与蔬菜和水果一样,属于碱性食品,有助于维持体内酸碱平衡。牛乳中微量元素如铜、锌、镁、硒、锰和碘等,虽然量很少,但对人体的发育形成和代谢调节起重要作用。

5. 维生素

牛乳中几乎含有人体所需要的各种维生素。主要有维生素A、维生素E、维生素B_1、维生素B_2、维生素C等。牛乳中维生素D含量不高,作为婴儿的主要食品时可进行强化。

6. 生物活性肽

奶中天然存在一定数量的具有各种生物功能的生物活性肽,尤其是母乳中含量丰富。这些生物活性肽在调节哺乳期婴儿的生长发育过程中起重要作用,尤其在调节胃肠道发育方面,可促进新生儿胃肠道的成熟。因此,婴儿期最好能进行母乳喂养。

总之,牛乳含有人体所需要的全部营养物质,其营养价值之高是其他食物所不能比的。一个成年人每日喝500 ml牛乳,能获得15 g ~ 17 g优质蛋白质,可满足每天所必需的氨基酸;能获得600 mg的钙,相当日需要量的80%;可满足每日热量需要量11%。

二、乳制品的营养

乳制品种类繁多,主要有炼乳、乳粉、奶油、干酪等。各种乳制品的营养价值因加工方法的不同而存在明显的差异。

1. 液态奶

液态奶是最常见和食用范围最广泛的奶制品。奶挤出后,经巴氏消毒直接饮用的奶称为鲜奶。巴氏消毒的方法主要有两种:低温巴氏消毒(63 ℃, 30 min)和高温巴氏消毒(71.7 ℃, 15 s)。进行正确的巴氏消毒对奶的组成和性质皆无明显的影响,但对热不稳定的维生素C和维生素B_1约损失20% ~ 25%。为了增加营养价值,改善口感,在市场上销售的液态奶有时会加入维生素A、维生素D以及一些色素、香精等,如巧克力奶、果汁奶等。

2. 酸乳制品

酸乳制品是将新鲜牛乳加热消毒后接种乳酸菌或加入乳酸发酵剂发酵而成的产品。该制品营养丰富,容易消化吸收。由于牛乳中的乳糖被发酵成乳酸,故对于那些不能摄取饮食中乳糖(乳糖不耐症)的人来说,酸乳是可以接受的,不会出现腹痛、腹泻的现象。乳酸菌在肠道内繁殖产生乳酸,可抑制一些腐败菌的繁殖,调整肠道菌丛,防止腐败菌产生毒素对人体产生不利的影响。酸乳能刺激胃酸分泌,增强胃肠消化功能和促进人体新陈代谢,对患有肝脏疾病和胃病的患者以及婴幼儿最为适宜。鲜乳经发酵后,营养价值更高,如蛋白质的生物学价值从鲜奶的81.4%提高到酸奶的87.3%;酸度增高有利于一些维生素的保存。此外,乳酸菌本身也是机体益生菌的重要来源。

3. 乳粉

乳粉是鲜乳经消毒、脱水、干燥最终制成粉末状态的乳制品。乳粉的种类很多,根据使用原料乳不同可分为全脂乳和脱脂乳;根据加糖与否,可分为加糖乳粉和不加糖乳粉;还有婴幼儿调制奶粉是以牛奶为基础,参照人奶组成的模式和特点,在营养组成上加以调整和改善,更适合于婴儿的生理特点和需要。

4. 炼乳

甜炼乳是在鲜乳中加入约15%的蔗糖,经减压浓缩到原体积的40%左右,直接装罐。甜炼乳是利用高浓度蔗糖来防腐的,其含糖量可达40%以上。即使经过稀释也不适宜喂养婴儿特别是初生儿。

淡炼乳或称无糖炼乳,营养价值基本上与鲜奶相同。外观呈稀奶油状,易形成柔软的凝块,较易消化,适合婴儿及鲜奶过敏者。用淡炼乳喂养婴儿时,可增强其中的维生素D,还可添加维生素A、B_1、C等。

5. 乳饮料

乳饮料是指蛋白质含量不低于1.0%的含乳饮料,分为配制型和发酵型两种。配制型含乳饮料是以乳或乳制品为原料,加入水、白砂糖、甜味剂、酸味剂、果汁、茶、咖啡、植物提取液等的一种或几种调制而成的饮料。发酵型乳饮料是指以鲜乳或乳制品为原料经发酵,添加水和增稠剂等辅料,经加工制成的产品。乳饮料因口感酸甜,非常适合婴幼儿口味,但是因其营养价值远低于其他乳制品,不宜作为婴幼儿食品长期食用。

三、婴幼儿乳类及其制品食物的合理食用

母乳是婴幼儿最好的食物来源,因此如无特殊情况,可进行母乳喂养。也可采用婴幼儿专用配方奶粉的人工喂养或者母乳与配方奶混合喂养的方式。但是,不能直接喂食牛奶,随着年龄的增加,可逐渐添加其他乳制品,如酸奶、奶酪等。每日适量饮用有益营养合理。过量的奶类会影响幼儿对其他食物的摄入,不利于饮食习惯的培养。

第六节 蛋类及制品的食物选择

禽蛋的营养价值主要决定于蛋黄、蛋白的含量及其构成比例、化学成分。禽蛋的营养成分是极其丰富的,含有人体所必需的优良蛋白质、脂肪、矿物质及维生素等营养物质,而且消化吸收率非常高,堪称优质营养食品。鸡蛋的营养成分见表3-3。

表3-3 一枚去壳鸡蛋的营养成分

成　　分		蛋　内　容　物		
		全　蛋	蛋　白	蛋　黄
干物质含量(g)		13.47	4.60	8.81
蛋白质含量(g)		6.62	3.88	2.74
脂肪含量(g)	总脂肪	6.00	—	5.80
	卵磷脂	1.27	—	1.22
	脑磷脂	0.253	—	0.241
	胆固醇	0.264	—	0.258
灰分(mg)	总灰分	480	266	214
	磷	111	8	102
	钙	29.2	3.8	25.2
	铁	1.08	0.053	1.02

（续表）

成　　分		蛋　内　容　物		
维生素含量	维生素 A（IU）	264	—	260
	维生素 B_1（mg）	0.05	0.004	0.048
	维生素 B_2（mg）	0.18	0.11	0.07
	维生素 D（IU）	27	—	27
能量（kJ）		352	80	268

注："IU" 是国际单位。

一、蛋的营养

1. 蛋的结构

禽蛋包括鸡蛋、鸭蛋、鹅蛋、鹌鹑蛋和鸽蛋等,其中以鸡蛋数量最多,其次为鸭蛋、鹌鹑蛋、鹅蛋。禽蛋均由蛋壳、蛋白和蛋黄三部分构成,但其构成的比例,则因家禽种类、品种、产蛋季节以及蛋的重量等因素的不同而有差异。

鸡蛋每个重量为 30 g～50 g,鸭蛋为 50 g～60 g。蛋壳是包裹在蛋内容物外面的一层硬壳,主要成分是碳酸钙和磷酸钙,它使蛋具有固定形状并起着保护蛋白、蛋黄的作用,但很脆,不耐碰或挤压。蛋白也称为蛋清,位于蛋白膜的内层,是一种典型的胶体物质。蛋白的导热能力很弱,能防止外界气温对蛋的影响,起着保护蛋黄及胚胎的作用。

2. 蛋的营养

（1）能量

禽蛋具有较高的能量,是由其含有的脂肪和蛋白质所决定的,因为糖的含量甚微。

（2）蛋白质

禽蛋含有营养价值较高的蛋白质,属于完全蛋白质。蛋类蛋白质的含量是比较高的,鸡蛋的蛋白质含量为 11%～13%,鸭蛋为 12%～14%,鹅蛋为 12%～15%。

禽蛋中必需氨基酸的含量及比例比较平衡,与人体的需要比较接近。其次蛋类的蛋白质消化率很高,因此,普遍认为蛋类的蛋白质是一种理想的蛋白质。

（3）脂肪

蛋中脂肪的含量为 12% 左右。几乎都在蛋黄里,约占蛋黄的 30%,其中 20% 为真正脂肪,10% 为磷脂类。蛋中的脂肪熔点较低,很容易消化,其消化率可达 94%。此外,蛋黄中还含有磷脂和胆固醇两类物质。其中磷脂对人体的生长发育非常重要,对脑组织和其他神经组织的发育有极其重要的作用。每个鸡蛋含胆固醇 200 mg 左右,胆固醇是机体内合成固醇类激素的重要成分。婴幼儿最早的添加的辅食之一就是蛋黄泥,并且推荐从 9 个月后可每天添加一个整蛋。

（4）矿物质

鸡蛋中的矿物质除钙的含量比较少外,其他矿物质元素都较丰富,尤其是磷和铁的含量较多。磷是构成人体骨骼的重要成分,铁是组成血红蛋白的主要成分。此外,蛋内还含有其他人体所必需的微量元素,而且易被人体吸收利用。由于钙含量较少,当儿童用禽蛋补充营养时,必须与富含钙的牛乳共食。

（5）维生素

禽蛋中含有丰富的维生素。在鸡蛋中除维生素C含量甚微之外，其他各种维生素均有一定的含量，而含量较多的是维生素A、维生素B$_1$、维生素B$_2$及维生素D等。特别是维生素A，对人的视力发育和保护具有重要意义。据测定资料表明，在每100 g全蛋中，含有维生素A 264国际单位。作为维生素D的天然来源，鸡蛋仅次于鱼肝油。

二、蛋制品的营养

1. 皮蛋

皮蛋又称松花蛋，是用石灰、碱、盐等配制的料汤制作而成。禽蛋加工成皮蛋后，大幅度改善了其色、香、味，使其具有特殊滋味和气味，促进人的食欲，有开胃、助食、助消化的作用。在制作过程中，由于各种材料的特性和作用，使蛋内脂肪和蛋白质被分解，产生易于消化的低分子产物，不仅使皮蛋具有独特的鲜味和风味，而且更易于人体消化吸收。但是，B族维生素会受到破坏。

2. 咸蛋

咸蛋就是将蛋浸泡在饱和盐水中或用混合食盐黏土敷在蛋壳的表面，腌制1个月左右即成。营养成分与鲜蛋相似，易于消化吸收，味道鲜美，具有独特风味。

三、婴幼儿蛋及蛋制品食物的合理食用

禽蛋常用的烹调方法有蒸煮、油煎、油炒等，由于温度一般不超过100℃，因此对蛋的营养价值影响很小，仅维生素B族有一些损失。煮蛋使蛋白质变得软嫩，容易消化吸收，利用率高。一般不主张吃生蛋，因为蛋类有时可被沙门氏菌等所污染，生吃容易致病。通过烹调不但可以杀灭细菌，提高消化吸收速度，而且使抗胰蛋白酶等抗营养因素失去活性。

第七节　调味品及其他加工制品的食物选择

一、调味品的营养价值及合理食用

调味品是指以粮食、蔬菜等为原料，经发酵、腌渍、压榨、水解、混合等工艺制成的各种用于烹饪和食品加工的添加剂。调味品按呈味感觉可分为咸味调味品（食盐、酱油等）、甜味调味品（蔗糖、蜂蜜等）、酸味调味品（食醋、番茄酱等）、辣味调味品（辣椒粉、花椒粉等）、鲜味调味品（蚝油、味精等）、苦味调味品（陈皮、杏仁等）等。除以上基本味调味品外，还有复合味调味品（咖喱、十三香等）。

调味品除了可以调味外，还具有一定的营养保健价值。

1. 酱油

酱油是以蒸或煮熟的大豆和生面粉为原料，利用霉菌制曲，经发酵、压榨和过滤制成。在制作过程中，原料中的蛋白质分解成大量氨基酸等物质。因此，酱油具有芳香鲜美的味道。酱油味咸、寒，

能赋予食物适当的色、香、味,多用于红烧菜肴,可起到增香、增鲜的作用,但多吃酱油,对高血压患者不利。

2. 食盐

食盐的主要成分是氯化钠,还有一些营养强化食盐,如碘盐,以改善部分地区缺碘症状,不过目前在很多地区该症状已缓解,不再强制实行。铁、锌强化盐,在人群缺铁性贫血、锌缺乏的干预中,使用铁、锌强化盐是经济而有效的措施。婴幼儿因饮食习惯等多方面因素,很容易缺乏铁、锌,可适当添加。

尽管人体离不开食盐,但是多吃盐也不好。WHO规定,成人每日钠盐的摄入量不应超过6 g,过量食盐对婴幼儿的伤害更大,有研究表明:过早食用食盐或早期钠盐量超量,会引起成年期高血压发病率的增加,这或许就是目前高血压症低龄化以及发病率增加的原因之一。因此,应帮助婴幼儿养成良好的饮食习惯,多吃清淡饮食,少吃盐腌食品,改变烹调方式,减少咸味调味品的摄入。

3. 食醋

食醋包括酿造食醋和配制食醋。其酸味醇厚,香气柔和,是烹饪中必不可少的调味佳品。醋用于食品的烹调,能增添风味、去除鱼腥味。食用食醋,能帮助消化,增进食欲。食醋也有防治某些疾病及保健的作用。醋还有防腐杀菌的作用,尤其对流感病毒有良好的杀灭作用。此外,经常食用食醋可以降低血压、软化血管、减少胆固醇的堆积,可防治心血管疾病。

4. 蜂蜜

新鲜蜂蜜在常温下为透明或半透明黏稠状液体,温度较低时可形成部分结晶。蜂蜜含葡萄糖和果糖65% ~ 80%,还有多种维生素和矿物质等营养成分。蜂蜜因其蜜源不同,其成分有一定的差异。蜂蜜味甘、性平,可润燥、止痛、解毒,有强壮身体、调节体内酸碱平衡、延缓衰老的作用,可以防治肺燥咳嗽、肠燥便秘等。幼儿如有便秘等情况,可适量食用,但由于含有雌性激素,不宜长期大量食用。

5. 食糖

食糖是以甜菜、甘蔗为原料压榨取汁制成。将压榨所获得的汁煮炼,挥发干其中水分所获得的低纯度棕红色或黄色糖膏或砂糖,称黄砂糖或红糖;二将压榨后获得的汁经净化、煮炼、结晶、漂白等工序处理而获得的结晶颗粒,为白砂糖,白砂糖经粉碎处理而获得粉末状糖称绵白糖。白砂糖属于精制糖,主要的营养素为蔗糖,占99%以上,其他的营养素种类很少;红糖未经精制,蔗糖含量低于白糖,但铁、钙的含量明显高于白糖。患风寒感冒时用红糖、生姜熬制的红糖姜汤是活血驱寒的食疗良药。

婴幼儿吃糖过多,会产生饱腹感,食欲不佳,影响食物的摄入量,进而导致多种营养素的缺乏。长期高糖饮食,会直接影响儿童骨骼的生长发育,导致佝偻病等。吃糖后如果不注意口腔卫生,就会造成口腔细菌生长繁殖,容易引起龋齿和口腔溃疡。WHO呼吁不要让孩子吃太多的甜食。

6. 味精

味精是一种常用的增加鲜味的调味品。其主要呈鲜成分是谷氨酸及谷氨酸钠,具有一定营养价值。婴儿不宜过多地食用味精,因为谷氨酸会造成婴儿体内锌元素的缺乏,影响婴幼儿的发育。一般而言,出生12周以内的婴儿及其乳母不宜过量食用味精。味精应在中性或弱酸环境中,100℃左右,短时加热,适量食用。

二、软饮料的营养价值及合理食用

软饮料在不同国家有不同的概念，一般描述为以补充人体水分为主要目的的流质食品，在我国规定软饮料中乙醇含量在0.5%以下。

1. 碳酸饮料类

该类是含二氧化碳的软饮料，有果汁型、果味型、可乐型、低能量型和其他型五种。原果汁含量在2.5%以上的为果汁型，低于2.5%的为果味型；可乐型分有色和无色，有色可乐的颜色来自焦糖色素；低能量型饮料的能量为每100 ml不高于75 J。

2. 果蔬饮料

此类饮料不但具有普通软饮料的基本功能，而且还富含维生素C、胡萝卜素和成碱矿物质，其含有的一些特殊生理活性物质如儿茶素、黄酮类化合物等已越来越受到重视。

可乐型碳酸饮料含有磷酸、咖啡因等物质，对婴幼儿身体伤害较大，不宜食用。而现在一些家长认为果蔬饮料、果汁型饮料营养价值较高，口感较好，为了能让孩子多喝水、爱喝水，常常用此类饮料代替喝水。结果养成了孩子嗜喝饮料而不爱饮水的习惯。此类饮料好喝，但不能代替水，因为此类果汁、饮料等含糖过多，有的还含有色素等物质，长期食用对婴幼儿不利。

婴幼儿饮用应以白开水为主，可以辅助一些自制饮料，如绿豆汤、酸梅汤等。还可以把含水分较多的水果榨成汁，如西瓜汁、番茄汁等，可以补充维生素C和水分。但是"汤"和"汁"都不能代替白开水。

【思考题】

1. 粮谷类食品在我国人民膳食中的地位。

2. 大豆的结构及豆类食品的营养价值。

3. 试述蔬菜、水果的食用价值以及加工烹调对其影响。

4. 比较畜肉与禽肉的营养成分及其含量。

5. 评价乳及乳制品的营养价值。婴幼儿食用时需注意要点。

6. 试述鱼类的营养特点。

7. 从蛋的结构方面来评价蛋的营养价值。

8. 试述肉类的质量评价方法。从家庭角度出发，为婴幼儿选购肉类食物应注意哪些？

9. 为什么肉类食物中的铁比蔬菜等植物性食物中的铁易于吸收？

10. 婴幼儿为什么要多吃标准米，少吃精白米面？

第 四 章

婴幼儿食品安全、中毒及预防

- 了解食品安全的影响及重要性
- 掌握婴幼儿食品安全的要求与方法

资料链接

三鹿奶粉事件引发父母反思：我的孩子要吃什么？

2008年中最让妈妈们恐慌的莫过于"三鹿奶粉事件"了，沸沸扬扬的"三鹿奶粉事件"将婴幼儿食品安全的问题提上了日程。面对市场上琳琅满目的婴幼儿食品，妈妈们要给自己的孩子吃什么呢？

三鹿奶粉是我国比较著名的奶粉品牌之一，然而它却含有超标的三聚氰胺，给许多婴幼儿造成了严重的身体伤害，声讨声一片。然而，妈妈们最为担忧的是自己的宝宝今后要吃什么。当食品安全问题堪忧时，我们应该用什么来满足幼儿成长所需要的营养？孩子该如何吃才能安全，该如何预防呢？

第一节　婴幼儿食品安全概述

一、食品安全

（一）食品安全与食品卫生

人们往往将食品安全、食品卫生、食品质量等概念混淆，其实它们既有联系又有较大的不同。

根据《中华人民共和国食品安全法》的解释,食品安全是指食品无毒、无害,符合应当有的营养要求,对人体健康不造成任何急性、亚急性或者慢性危害。食品安全是企业和政策对社会的最基本责任和必须做出的承诺。食品安全既包括生产安全,也包括经营安全;既包括结果安全,也包括过程安全;既包括现时安全,也包括未来安全。

1996年世界卫生组织将食品卫生界定为:为确保食品安全性和适用性在食物链的所有环节必须采取的一切条件和措施。

据我国《食品工业基本术语》(GB 15091-95)规定,食品质量是指食品满足规定或潜在要求的特征和特性总和,反映食品品质的优劣。

食品安全是一个综合概念,它涵盖了食品卫生、食品质量、食品营养等相关方面的内容。食品安全是食品卫生的目的,食品卫生是实现食品安全的措施和手段,但仅仅食品卫生还不能确保食品安全,食品安全包含了比食品卫生更广阔的含义。

食品安全包括食品(食物)的种植、养殖、加工、储存、运输、销售、消费,而食品卫生通常并不包含种植、养殖环节的安全。食品安全强调从农田到餐桌的全程的预防和控制,强调综合性预防和控制的观念,而食品卫生则强调食品加工操作的环节,食品安全是结果安全和过程安全的完整统一。食品卫生则更侧重于过程安全。

(二)婴幼儿的食品安全

婴幼儿食品安全是指确保婴儿食品消费对婴幼儿健康没有直接或潜在的不良危害,是婴幼儿食品卫生的重要组成部分。婴幼儿食品安全性被解释为"对婴幼儿食品按其原定用途进行制作和食用时不会使婴幼儿受害的一种保证"。换句话说,婴幼儿食品安全就是指食品中不应含有可能损害或威胁婴幼儿健康的有毒、有害物质或因素,这些因素可能导致婴幼儿急性或慢性中毒或感染疾病或产生危及婴幼儿健康的隐患。

二、婴幼儿食品安全的现状及意义

(一)现状

虽然许多国际组织以及大部分国家的政府都十分重视婴幼儿食品安全,也采取了一系列控制措施,但婴幼儿食品安全问题仍越来越严重地威胁着人类的健康,特别是随着食品生产的工业化和新技术、新原料、新产品的采用,造成食品污染的因素日趋复杂化。高速发展的工农业带来的环境污染问题也早已波及食物并引发了一系列严重的食品污染事故。

近年来,人类面临着一个接一个的食品安全问题的威胁。例如:"光明宝宝乳酪含乳矿物盐"事件,继上海质监部门责令光明乳业整顿后,光明乳制品再曝质量问题。北京市民范先生购买光明牌"小小光明宝宝奶酪(宝宝杯)",发现配料中含有卫生部规定禁放的乳矿物盐,遂致电光明乳业反映此事。从光明宝宝乳酪事件看,各环节均难辞其咎。

首先,生产商存在违规操作。其次,行业协会自律能力不强。行业协会有监督行业内企业遵守和贯彻国家法律、法规政策的义务,光明乳企"小小光明宝宝奶酪"产品配方确定时间早于"乳矿物盐"进入新食品资源目录时间,并违规添加在婴幼儿食品中,行业协会没有发现并制止生产商的做法,有失责之嫌。最后,行业生产标准不统一、政府监管及惩罚不力。

1. 原材料采购、验收、存储、发放环节的食品安全问题

烹饪原料可能会受到微生物污染而变质；还可能受到寄生虫或虫卵的污染、工业"三废"的污染、化学农药的污染,这些污染物可能对人体造成危害或使其致病。有些原料本身含有毒素,如毒蕈、毒鱼、鲜黄花菜可使人中毒。因此,餐饮企业在原料采购、验收时,要注意原料的食品安全问题,避免采购、接收不符合食品安全标准的原料。

从食品安全的角度讲,原料存贮的主要职责是要防止原料腐败变质和被污染。保证原料的安全角度讲,不同性质的原料,存贮方法,存贮条件不同,有的原料需要冷藏,有的需要冷冻,有的需要常温存贮；有的原料易腐败变质从而存贮期短,有的原料不易腐败变质从而贮期较长。如果存贮方法、存贮条件不当或存贮时间过长,就可能造成烹饪原料腐败变质、被污染等食品安全问题,从而导致浪费和食物中毒事故的发生。

原料发放要遵循"先进先出"的原则,尽量缩短存贮时间。发放时要检查原料的食品全状况、新鲜程度,凡是腐败变质、过保存期等不符合食品安全标准要求的原料不能发放、领用。

2. 粗加工中的食品安全问题

粗加工是食品原料烹制前所进行的一系列加工活动,主要包括蔬菜、水产、禽畜、肉类等各种原料的拣摘、洗涤、宰杀、分档取料、整理、干货原料的涨发及切配工作。烹饪原料洗涤不彻底或方法不当,除了营养物质会流失外,有害物质也不能完全清除。切配不合理,不但造成营养搭配不科学,原料还可能在长时间的放置过程中发生变质或被污染产生有害物质。粗加工是餐饮产品生产服务的基础,不但影响成本控制,而且还决定着菜肴成品的安全。

3. 烹饪加工中的食品安全问题

烹饪过程中,如果工艺参数控制不好就可能产生有害物质,如长时间高温油炸、烟熏、腌制过程中会产生多环芳烃等有毒物或致癌物。

4. 盛器和包装材料的安全问题

盛器和包装材料如果不符合食品安全要求就会污染菜肴。陶瓷餐具中可能因铅含量过高而对人体有害；餐饮具洗涤不彻底、消毒不严格,就有可能带有各种病菌,成为传染病传播的媒介。

5. 环境和服务中的食品安全问题

厨房、餐厅、储藏室的卫生状况直接影响餐饮产品的安全,生产和服务人员必须搞好个人卫生,每年必须进行健康检查,取得健康证明后方可参加工作。在生产和服务中,保持良好的卫生习惯,严格执行食品安全操作规范,防止传播各种疾病。

食品安全问题贯穿于生产和服务的整个过程,每一环节都必须严格执行食品安全法和操作规范,防止食物中毒和食源性疾病的传播。

（二）意义

人们一日三餐都离不开食物,食物对于人体具有三种功能。一是愉悦功能,也就是满足我们的嗅觉和味觉器官对于香气和美味的欲望,同时消除饥饿感觉。二是营养功能,为我们身体的生长发育和运动提供各种营养素。三是预防疾病功能。特别是预防那些常见的高血压、心脏病、糖尿病、肿瘤等。食品的健康与否,不但关系到我们的身体健康,而且决定着我们的生活质量和生命的延续。安全健康的食品能够使我们的身体汲取足够的养分,从而保证自身生长发育和日常

活动的基本需要，而且这些食物中的营养素对于维护免疫功能、抗氧化功能以及神经内分泌，乃至脑功能等生命过程都是必不可少的物质基础；而问题食品、垃圾食品则会严重危害人们的身体健康。

第二节　食　物　中　毒

食物中毒是主要的食源性疾病，直接威胁人类的健康和生命。

一、食物中毒的概念

食物中毒是指摄入了含有生物性、化学性的有毒有害物质的食品或者把有毒有害的物质当作食品摄入后出现的非传染性（不属于传染病）的急性、亚急性疾病。

食物中毒属于食源性疾病范畴，是食源性疾病中最常见、最典型的疾病。食物中毒既不包括因暴饮暴食而引起的急性胃肠炎、食源性肠道传染病（如伤寒）和寄生虫病（如囊虫），也不包括以慢性毒性为主要特征的疾病。

二、食物中毒的分类

（1）细菌性食物中毒：包含细菌和细菌产生的毒素，如沙门氏菌食物中毒、葡萄球菌食物中毒、嗜盐菌食物中毒、肉毒杆菌食物中毒及大肠杆菌食物中毒。细菌性食物中毒占食物中毒的绝大多数。

（2）有毒动植物中毒：如河豚鱼、动物甲状腺、毒蕈、发芽马铃薯等。

（3）有毒化学物质中毒：如砷、亚硝酸盐及农药等。

（4）真菌毒素和霉变食物中毒：如黄曲霉毒素中毒、赤霉毒素中毒、霉甘蔗中毒及霉玉米中毒等。

三、引起食物中毒的常见原因

食物中毒多因为食品被污染所致，食品从生产、加工直到销售的过程中，均可能使食品受到有害物质的污染。如病原微生物污染食品，并大量繁殖产生毒素；又如各种有毒化学物质污染食品并达到中毒剂量等。少数食物中毒是因动植物组本身含有有毒物质，如河豚含有河豚毒素，木薯含有氰甙，如食用前未经合理加工烹调，可致中毒。某些有毒化学物质（砷化物、亚硝酸盐等），其性状与一些加工原料类似，偶有误当食盐或食碱等加入食品之中而引起中毒。

四、食物中毒的发生规律

食物中毒一般潜伏期短、发病急。若为集体暴发，所有病人均有类似的临床表现，发病范围局限于食用该种有毒食品的人群，患者均有在相同时间内食用过食物的经历。细菌性食物中毒有明显的季节性，一般6～9月呈现高峰。某些食物中毒在某些地区多发，如新疆地区较多发生肉毒杆菌中毒；而野菜中毒和蘑菇中毒则多发生于农村和市郊。

五、常见的食物中毒及预防

（1）葡萄球菌食物中毒

这是较常见的一种细菌性食物中毒。引起中毒的食品主要有奶油、含奶糕点、黄油、奶酪等乳制品，禽肉、兽肉的熟制品和火腿、香肠等。葡萄球菌在空气、灰尘、土壤和水中普遍存在。食物被葡萄球菌污染，主要来源于人的咽喉、皮肤、头发等处所带的细菌。特别是从事食品制作的人，患有手或咽喉化脓感染，容易污染食品。

该病的潜伏期在数小时之内，发病快、腹痛、腹泻（轻者可无腹泻）；不发热或仅微热；恢复快，经及时治疗，1～2日可治愈。

预防措施：食品从业人员、炊事员有化脓性皮肤病或化脓性咽喉炎应暂离工作岗位，待治愈后再恢复工作。平时注意个人卫生。注意乳制品的制作、保存及销售过程中的卫生。装乳用具要勤清洗、勤消毒。

（2）沙门氏菌食物中毒

这是一种常见的细菌性食物中毒。沙门氏菌可在多种动物肠道内繁殖，带病的家畜、家禽的肉尸和内脏均带有大量活菌。病畜病禽是引起沙门氏菌食物中毒的主要食品，其次为蛋类、鱼及牛羊乳等。

病潜伏期一般为6～24小时，发病即有高热、腹痛、呕吐、腹泻，大便为绿色水样，便有恶臭，便中有黏液、脓血。若治疗不及时可导致死亡。

预防措施：加强家畜家禽的饲养管理，预防传染病。严格执行屠宰前后和储存、运输、销售过程中的卫生要求。对肉食企业、饮食行业、食堂的工作人员定期进行带菌检查。对集体儿童机构的厨房应严格按照一定的卫生要求进行检查，保证食品卫生。

（3）致病大肠杆菌中毒

大肠杆菌是人体寄生菌，一般情况下不致病。当机体抵抗力下降，进食被大肠杆菌污染的食品，可发生食物中毒。常因熟肉、点心、乳制品等被污染，炊事员、食品企业工作人员患急性腹泻，脏手接触食品所致。

这类中毒潜伏期短，一般为10～24小时，主要症状为食欲不振、腹泻、呕吐，大便水样。经及时治疗，可在一周内恢复健康。

预防措施：不采购病畜病禽的肉及内脏。炊事员、食品企业工作人员患急泻时，应及时治疗，在治愈前不可以从事接触食品的工作。酸牛奶、酱油、甜点、凉拌菜等，因在食用前不再加热，须严格防止污染。

（4）肉毒杆菌食物中毒

引起肉毒杆菌食物中毒的食品，因各国、各地区饮食习惯不同而有所区别。有海制品为主（如日本），有以火腿、腊肠等食品为主（如欧洲一些国家）。在我国家庭自制发酵豆制食品为主，如臭豆腐等。部分地区，如青海、西藏等则以肉类引起为多。上述食品经密封缺氧下储存，肉毒杆菌大量繁殖产生毒素，后引起中毒。

该病潜伏期长达1～2天，甚至数日，潜伏期长短主要取决于摄入毒素的量和力大小。中毒症状与其他细菌性食物中毒明显不同，不发热，很少有胃肠道症，主要表现为神经症状。发病初期有头晕、头痛、乏力、走路不稳、眼睑下垂、视力模糊、复视等症状。严重时可出现言语不清,不能吞咽,失音,呼吸困难,以至因呼吸麻痹而死亡。病死率在50%以上。

预防措施:加强食品卫生管理,结合不同地区的饮食习惯与肉毒杆菌食物中的有关情况,改进食品制作和食用方法,对易引起这类中毒的食品,食前必须充分加热。罐头顶部鼓起,表示食品已变质,绝不可食用。

（5）亚硝酸盐食物中毒

人体摄入过量的亚硝酸盐可引起中毒,硝酸盐被吸收入血,作用于红细胞,使正常血红蛋白(含二价铁)氧化成铁血红蛋白(含三价铁),失去携带和转运氧的能力,引起组织缺氧,造成高铁蛋白血症。轻症患者主要是皮肤黏膜青紫,头晕乏力,嗜睡,呼吸急促;重时可发生昏迷、惊厥、血压下降,若未及时抢救,可因呼吸衰竭而死亡。

某些蔬菜腐烂变质时,硝酸盐还原成亚硝酸盐,食用已腐烂的蔬菜或变质的剩菜,可引起亚硝酸盐中毒。腌咸菜盐水浓度淡、腌渍时间短,所含亚硝酸盐较多,易致中毒。某些地区的井水含有大量硝酸盐,特别是连续使用的蒸锅水,经多次熬煮浓缩,用以烹调食物更易引起中毒。

预防措施:加强蔬菜运输、贮存过程的卫生管理,存放点应阴凉、通风,防止日晒、雨淋。不吃变质的蔬菜。为婴儿制作菜泥,现做现吃,保持新鲜。不用井水(含硝酸盐过多)烧煮饭菜。腌咸菜用盐浓度不能太低,至少腌半个月后食用。

（6）毒蕈食物中毒

蕈,俗称蘑菇,属高等真菌。可分为食蕈、条件可食蕈和毒蕈三类。

食蕈味道鲜美,有一定营养价值;条件可食蕈,主要指通过加热、水洗或晒等处理方可食用的蕈类;毒蕈是指食后可引起中毒的蕈类。

主要的毒蕈有捕蝇蕈、斑毒蕈、白帽蕈、绿帽蕈、马鞍蕈等约百有余种。毒蕈中毒多发生于高温多雨的夏秋季,多因采摘野生鲜蕈,误食毒蕈中毒。

中毒的症状依毒蕈种类不同可分为以下4种:

❶ 急性胃肠道症状:常见于毒粉褶蕈、牛肝蕈中毒,潜伏期数小时。轻者呕吐、腹痛、腹泻,重者可发生脱水、酸中毒、休克、昏迷以至死亡。

❷ 神经精神症状:多由捕蝇蕈、斑毒蕈引起,潜伏期数小时。除胃肠道症状,尚有多汗、流涎、脉缓、瞳孔缩小等副交感神经兴奋症状,可致死亡。

❸ 溶血:主要是马鞍蕈引起,潜伏期6～12小时,除胃肠道症状外,发生急血。

❹ 肝脏损害:多见于白帽蕈、绿帽蕈中毒,初期有胃肠道症状,如恶心、食欲差,继之发生肝大、肝功能异常,可死于肝坏死、肝昏迷。

发现误食毒草,应及时洗胃,以迅速排出尚未吸收的毒素。

预防措施:加强预防毒草中毒的宣传,提高广大群众对毒蕈的识别能力,要在有经验的采蕈者指导下进行。一般,毒蕈有以下特点:色彩鲜艳,盖和茎上有斑点、疣点、裂沟,生泡,流浆发黏或生有脉络,伞盖肉薄、茎基有毒托,茎易纵裂,以及奇形怪状,采后容易变色,夜间发磷光等。

（7）发芽马铃薯食物中毒

马铃薯的发绿或发芽部分,含有可达中毒量的龙葵素。成熟的马铃薯含龙葵2～13 mg/100 g鲜重；发绿部分可含龙葵素80～100 mg/100 g鲜重；马铃薯芽含龙葵素量高达500 mg/100 g鲜重。摄入过量，龙葵素可引起中毒症状，数十分钟至数小时发病（依进食量而异）。主要表现为恶心、呕吐、腹痛、腹泻，严重吐泻可致脱水、血压下降。严重有发热、烦躁、谵妄、昏迷、呼吸困难，甚至因呼吸衰竭死亡。

预防措施：马铃薯应存放于干燥、通风、低温之处，避免暴露在日光下，以避免发绿或生芽。已发芽的马铃薯不宜再食。生芽不多的马铃薯，对芽孔周围及已变青的皮肉应彻底削除，剩余部分切碎浸泡，煮熟煮透。

（8）四季豆食物中毒

四季豆又名芸豆角、扁豆、刀豆、菜豆角等，内含皂毒素、胰蛋白酶抑制物等毒性物质。皂素是植物中的一种甙类物质，对消化道黏膜有强烈刺激性和溶血抑制物质，可抑制胰蛋白酶活性，对胃肠道也有一定的刺激作用。上述有毒物质高温才能被破坏。食入未熟透的四季豆可致中毒。主要表现为胃肠道症状，食后不久（多数为2～4小时）即发生头晕、恶心、腹痛、腹泻，重者可致脱水、酸中毒。体温一般正常。经及时治疗，可恢复健康。

预防措施：食用前将四季豆用清水浸泡，然后烧熟煮透，吃时无生味和苦硬，所含毒素即已破坏。

（9）黄曲霉素急性中毒

黄曲霉素对食物的污染，以长江沿岸及长江以南地区较多，其中玉米和花生污染较重，大米的污染较轻；酱豆腐、黄酱、甜面酱等也易受黄曲霉素污染。主要造成肝、肾损害，病势凶险，病死率高。家庭中可使米反复淘洗，或用高压锅蒸，去毒简便可行。

（10）霉变甘蔗食物中毒

食用保存不当而霉变的甘蔗引起的急性食物中毒。甘蔗自广东、广西运至北方保存过冬，待春季售出时部分甘蔗已霉变。霉变甘蔗食物中毒，潜伏期一般为15～30分钟，但最长者达1～2日。发病初期有头晕、头痛、恶心、呕吐、腹痛和腹泻等症状。重者有阵发性抽搐、瞳孔散大，进而昏迷以至死亡。部分生存者因中枢神经系统受损，留有后遗症，呈痉挛性瘫痪，并常有抽搐发作。

预防措施：霉变的甘蔗，外皮失去正常光泽、质软、髓质部呈灰黑、棕褐或黄色，有酒味、酸味或霉味。应广泛进行卫生宣传，不食霉变甘蔗。

（11）烂白薯中毒

白薯储藏不当可致腐烂变黑。病变部分表面凹陷、较硬，呈褐色或黑色斑块，有苦味。引起白薯黑斑病的病菌及其毒素，耐高热、水煮、蒸、烤都不能破坏其毒性。人生吃或熟吃烂白薯都可引起中毒。一般于食后24小时内发病，有恶心、呕吐及腹泻等症状。中毒严重者体温升高，呼吸困难肌肉痉挛，瞳孔散大，可致死亡。

预防措施：烂白薯不能吃。即便挖去黑的部分仍应浸泡后换水，煮透弃汤，少食为好。

（12）曼陀罗及莨菪中毒

曼陀罗又名洋金花，多是野生。全株有毒，以种子含毒量最高。小儿误服3～4粒种子即可中毒。莨菪其叶、根、花及种子均有毒，小儿误以其根茎为"野萝"，采食可中毒。曼陀罗及莨菪所含有毒物质主要为生物碱。该病一般于食后24小时内发作。最初为干渴，皮肤及颜面发红、干燥无汗，继之惊恐、烦躁或嗜睡，渐出现谵妄、幻视、幻听，严重者产生抽搐，瞳孔散大，转入昏迷，可致死亡。经及时抢救或中毒较轻者,上述症状可逐渐消失,但瞳孔散大经数日方可恢复正常。

预防措施:对儿童进行安全教育,使他们懂得曼陀罗、莨菪有毒,不要采摘。

(13)白果中毒

白果又称银杏,幼儿生食5~10粒即可引起中毒。病轻者表现乏力,食欲不振,很快可恢复;稍重者则有呕吐、腹泻、昏睡,经1~2日可好转;重者有剧烈呕吐及阵发性惊厥,肢体先强直而后松弛,瞳孔散大,对光反应消失,可致呼吸及循环衰竭而死亡。

预防措施:白果不能生吃。熟食不宜过量,食时应去除绿色的胚。

(14)蓖麻子中毒

蓖麻子俗称大麻子,是蓖麻的果实,其有毒成分为蓖麻毒素及蓖麻碱。小儿误服6颗可致死。该病一般于食后24小时之内出现症状,恶心、呕吐、腹痛、腹泻,便中常见蓖麻子外皮的碎屑,尿少或无尿,严重者出现头痛、惊厥、昏迷、黄疸,死亡。

预防措施:对儿童进行安全教育,不要采食蓖麻子。

(15)含氰苷果仁中毒

杏、枇杷、李子、杨梅、樱桃的核仁皆含有苦杏仁甙和杏仁甙酶。苦杏遇水,在苦杏仁甙酶的作用下分解为氢氰酸等物质,可致中毒。苦的桃仁比甜的毒性高10倍,生食数粒即可中毒。一般于食后2~6小时发生症状。轻者有恶心、呕吐、头痛、头晕、烦躁不安等症状;重者昏迷、惊厥、体温降低、血压下降、呼吸困难、瞳孔散大;可死于呼吸肌麻痹。

预防措施:告诉儿童上述果仁有毒,不可取食。

资料链接

如何从饮食入手预防幼儿铅中毒呢?

● 补充含钙、铁、锌丰富的食物,钙、铁、锌这三种元素可减少铅在人体内的吸收。牛奶、虾皮、油菜等食物中含有丰富的钙,瘦肉、肝脏、鸡蛋、血豆腐等含有丰富的铁,瘦肉、动物内脏及牡蛎食物含有丰富的锌,在日常饮食中,应多给幼儿补充。

● 适量摄入高蛋白食物。蛋白质能和铅结合成可溶性化合物,促进铅通过尿从人体内排出。质量较高的蛋白质食物有肉类、蛋类、奶及奶制品、鱼类、禽类及大豆制品。

● 高纤维食物纤维可阻碍金属离子的吸收,但同时高纤维也会阻碍无机盐及一些有益的微量元素的吸收,如钙、铁、锌等。芹菜、韭菜、海带等植物性食品中膳食纤维含量较高。

● 苹果、胡萝卜、绿豆汤、金针菇及含维生素C丰富的蔬菜水果等都是有助于排铅的食品。

● 不吃太多的油脂,因为油脂可加速有机铅的吸收。

● 不吃含铅高的食品,如松花蛋、爆米花、劣质的罐头饮料和食品等。

● 养成良好的饮食习惯,定时进食,避免空腹时铅在肠道吸收率成倍增加,不挑食,不偏食。

第三节 食物过敏及预防

一、婴幼儿食物过敏

婴幼儿食物过敏是指婴幼儿由于进食某种食物后造成了不良反应,这种反应有呕吐、腹泻及皮肤起疱等症状。轻度食物过敏会慢慢好转,严重的食物过敏能引起喉头水肿而造成窒息、急性哮喘大发作,如果不进行及时有效的抢救,就有可能死亡。因此,家长对婴幼儿食物过敏不能掉以轻心。

二、食物过敏的表现

婴幼儿的食物过敏反应、发病率明显高于成年人。6岁以下的婴幼儿1%～3%会对食物过敏。其实,食物过敏反应是一种复杂的变态反应性疾病。通常,过敏反应大部分为即时型和迟发型两大类,大部食物过敏都属于即时型反应,一般发生在进食后的几分钟至一小时之内,严重者可能会在一分钟内就发生过敏性休克;迟发型过敏反应则需要几小时或一天后,乃至2～3周后才会发生。过敏的症状和病情轻重,可以因人、因物而异。

消化系统:恶心、腹胀、腹部剧痛、腹泻、口臭、打嗝。

皮肤系统:湿疹、荨麻疹、皮肤干燥、黑眼圈。

神经系统:烦躁易怒、坐立不安、注意力不集中。

呼吸系统:憋气、胸闷、刺激性咳嗽、呼吸困难、流清涕。

视听系统:视物模糊、眼睑水肿、眼结膜充血、流泪、听觉丧失、口齿不清。

生殖系统:外生殖器水肿、瘙痒。

如果家里的宝宝出现了上述的症状,家长一定要及时带宝宝去医院就诊。

三、引起婴幼儿食物过敏的原因

幼儿食物过敏的危害巨大,严重者甚至能造成其死亡。那么,引起婴幼儿食物过敏的元凶有哪些呢? 婴幼儿食物过敏不仅与基因有关,还受后天生活方式、环境因素有关,后者是可以改变的。专家认为,目前唯一有效的办法是严格避免吃过敏的食物。如若是单一食物过敏,应将其从饮食中完全排除;多食过敏者,要由营养师对家长进行专业的营养指导。

引起婴幼儿过敏的主要食物是鸡蛋、牛奶和花生,其中花生过敏最严重,持续时间最长。由于婴幼儿消化道黏膜保护屏障发育不全,过敏性疾病多在婴儿早期出现,常发生于3岁以下的婴幼儿,1岁内最多,4～6个月为高发期。

研究发现,遗传在食物过敏中起了主要作用。父母中一方有各种过敏性疾病表现的,子女发病率为37%;而父母双方均有的,则高达62%。

此外,4个月内添加辅食的婴幼儿过敏危险性是晚加辅食者的1.35倍。食物可能是婴幼儿接触的最主要过敏源。此外,婴儿早期出现的湿疹、红斑风团、瘙痒等与过敏性疾病有关。有过敏性皮肤病的婴幼儿食物过敏的发生率高达90.5%,而有皮肤症状的食物过敏患儿,不吃过敏食物后,全部症状缓解。专家建议,反复出现湿疹等皮肤症状的婴幼儿应首先考虑是不是食物过敏,并找出致敏源,避免摄入。

四、婴幼儿易过敏的食物及预防

1. 易造成婴幼儿过敏的食物

食物中所含的过敏源可能存在一定的相互交叉。简单地说,就是对某种食物过敏的人对另一种食物也会过敏,这是因为这两种食物含有相同的致敏源,从导致了不同的食物会发生相同的食物变态反应。比如,对牛奶过敏的人可能对羊奶也过敏。会交互反应的包括:香料和芹菜,花生和黄豆,牛奶和羊奶,牛奶和肉类。

最能引起婴幼儿过敏的食物有奶制品、柑橘类、鱼和贝类、蛋、坚果、花生、黄豆、豌豆、扁豆、小麦、虾、玉米、坚果类、番茄、巧克力、芥末、芝麻、猪肉、酵母以及人工色素、防腐剂、氧化剂、香料等。

最不容易造成过敏的食物有苹果、梨、胡萝卜、杏、桃、芦笋、莴苣、菜花、南瓜、枣、甘薯、大麦、燕麦、大米、鸡肉、牛肉、羊肉、葵花子油、鲑鱼等。

2. 如何确定婴幼儿对哪种食物过敏

宝宝一旦出现过敏现象,就要先回想过去24小时吃过哪些东西,一一过滤、剔除。如果宝宝有食物过敏的征兆,家长首先要将宝宝吃的食物都记录下来,最好连续三天。然后,从宝宝常吃的食物中,选出最可疑的过敏食物。如果观察没有变化,再试试下一种可疑食物,直到你认为有过敏的每样都试过。

家长也可将宝宝过敏的经历和医生讨论,再搭配客观的检验,如皮肤测试与血清特异性免疫球蛋白E的检查,找出会对宝宝造成过敏的食物。

确定过敏原因后,则应避免再继续给宝宝吃这些食物,以及与之有交叉过敏反应的食物,降低发生过敏的几率。

五、预防婴幼儿食物过敏的注意事项

由于婴幼儿肠胃的吸收及消化功能差,如果饮食不慎,最易发生食物过敏。那么,预防婴幼儿食物过敏应注意什么?

婴儿出生后,最好用母乳喂养。母乳中含有多种对过敏有制约作用的免疫球蛋白及多种抗体,对预防过敏有好处。而且,母乳饮食较单纯,基本不吃杂品,这对防止婴儿食物过敏也有好处。

对未满周岁的婴儿,不宜喂养螃蟹、海味、蘑菇、葱、蒜等易引起过敏的食物。婴儿在增加新食物时一定要一样一样分开增加。每添加一种新食物时要注意观察有无过敏性反应,口疹、瘙痒、呕吐、腹泻等,一旦出现过敏反应,应停止这种食物一段时间,然后再试。切忌多种新食物一起添加,而分不清过敏源。

婴儿在喂食后,应立即将口角周围的食物残液擦干净,以防止出现食物残汁皮肤过敏。

如果怀疑自己的宝宝存在食物过敏症,父母应该把宝宝带到有条件的医院进行过敏源检查。根据检测结果,医生可将小儿的食物分为三级,即禁食、交替食用、安全食用,并为宝宝制定出科学的食谱。制订限食计划,一定要严格按照医生的要求去做,绝不能因担心宝宝少吃了某些食物,会影响身体健康而半途而废。

资料链接

婴幼儿易过敏的常见水果

家长爱给孩子吃水果,但不是所有水果都适合你的孩子,特别要注意的是菠萝和芒果。

*菠萝

菠萝含有消化蛋白质作用的菠萝蛋白酶,这种酶可增加胃肠黏膜的通透性,使得胃肠内大分子异体蛋白质渗入血流,加上人体感受性的差异,导致宝宝产生过敏反应。

给宝宝吃菠萝要在开水里煮一下或盐水浸泡30分钟,第一次只能吃饼干大小。

*芒果

芒果含有单羟基苯及醛酸,这类物质易引起过敏,引发芒果皮炎;特别是不完全成熟的芒果还含有醛酸,对皮肤黏膜有一定刺激作用。

过敏体质的宝宝尽量不要吃芒果,吃时切成小块送入口中,避免接触皮肤。

第四节　婴幼儿的饮食安全管理

一、婴幼儿饮食卫生

(一)食品卫生

下列几种食物情况应排除在儿童饮食的选择范围之外。

1. 腐烂变质的食物

食物被细菌污染后腐烂变质,不仅营养素被大量破坏,营养价值降低,还会产生致病因素。如粮食、玉米、花生霉变后产生黄曲霉素会致癌,腐烂的肉类中有大量的普通变形杆菌、大肠杆菌,易产生有害物质。

2. 含有致癌因子的食物

腌制品、烘烤和熏制的食物含有亚硝胺和多环芳烃致癌因子。咸菜、火腿、熏鱼等食品不宜提供给婴幼儿食用。

3. 天然有毒食物

食用未熟透的豆角可导致中毒。应先将四季豆用清水浸泡,然后烧熟再食用。发芽马铃薯、新鲜黄花菜、发青的西红柿等都含有毒素。

含有农药、人工色素等有害物质的食物可导致中毒。蔬菜、水果必须洗净浸泡后才能食用。有些颜色过于鲜艳的水果,可能添加人工色素,也不宜食用。

(二)厨房卫生

托幼机构的食堂要接受当地卫生主管部门的管理和监督,申领《餐饮服务许可证》,并严格执行

《中华人民共和国食品安全法》。

第一、厨房要有合乎卫生要求的（工作）面积，各室的安排要适合工作程序，内外环境清洁卫生。

第二、应有防蝇、防鼠、防蟑螂的设施，排烟、排气的设备，污物处理设备。

第三、水源充足，下水道通畅，洗碗、洗菜的池子应与洗拖把的水池分开。

第四、消毒设备齐全，餐具要及时消毒，食具一餐一消毒，若用水煮则需在水开后15～20分钟，若用笼屉蒸则水开后至少要蒸30分钟。消毒后的餐具要妥善放，以免受污染。

第五、（厨房）设备布局和工艺流程应当合理，防止待加工食品与直接入口食品、原料成品交叉污染，生熟食品应分开，厨房用具刀、案板、盆、筐、抹布等也要做到生熟分开。

第六、有良好的通风和照明。有通风设备，降低厨房的温度和湿度，窗户应有纱窗。窗户开阔，并有人工照明，使厨房明亮，以便彻底清除污物，保持清洁。

（三）炊事人员卫生

第一、定期体检。炊事人员上岗前必须体检，不合格者不得参与厨房工作；每年必须体检1～2次。同时，接受卫生知识培训，凭卫生部门颁发的合格证持证上岗。凡患肠道传染病、皮肤病、肺结核、肝炎等传染病者应立即调离炊事员岗位，痊愈后经体检合格才能恢复工作。

第二、炊事人员要讲究个人卫生，勤洗澡、洗头，勤剪指甲，勤换衣服。注意手的清洁，上班前、大小便后要洗手。工作时应穿工作服并保持清洁，如厕前要脱去工作服，工作帽要能包盖住头发。烧菜、分菜时要戴口罩，不对着食物说话、咳嗽、打喷嚏；不得直接从锅中取菜品尝。

【思考题】

1. 什么是食品安全？

2. 食物中毒有哪些共同的发病特点？

3. 简述食品引起中毒的原因及预防。

4. 简述食物过敏的原因及预防。

5. 婴幼儿的食品安全应注意哪些？

第 **五** 章

婴幼儿科学喂养的原则与方法

- 掌握婴幼儿科学喂养的原则与方法
- 熟悉特殊婴幼儿的喂养方法
- 掌握婴幼儿平衡膳食的组织原则与方法

婴幼儿喂养是一项重要工作。婴幼儿的健康是每个家庭的希望,其意义之重大不言而喻。科学喂养婴幼儿不是一件简单的事情,其中,0～1岁的喂养尤为重要,是人生的起点。婴幼儿从出生到1岁,在生理和心理上发生巨大变化,体重增加3倍,身高增加1.5倍,从懵懂无知到学话走路、认人以及情感显露。喂养不足、喂养过度、强制喂养或宠爱过度的喂养方法都是不科学的。婴幼儿喂养的核心思想就是在喂养过程中始终贯彻一个"爱"字,让孩子从小在爱的环境里健康成长,这对培养孩子健全的人格具有重要意义。

第一节　婴幼儿科学喂养的基本原则

一、及时原则

所谓及时原则,就是当纯母乳或配方奶提供的能量及营养不能满足婴幼儿生长发育需要时,要及时添加辅食。不同喂养方式的宝宝开始添加辅食的时间不同,不能过早或过晚添加,世界卫生组织建议纯母乳喂养的婴幼儿在第6个月开始添加辅食,人工喂养的婴幼儿在第4个月开始添加辅食,并且要把握合适的时机以及添加辅食的正确顺序。要根据不同月龄的喂养特点及时调整辅食的质和量。

二、充足原则

在婴幼儿的喂养过程中,应向婴幼儿提供各种充足的营养,以保证婴幼儿生长发育的需要。需要注意的几个方面有:婴幼儿对钙、铁、锌、碘等矿物质以及各种维生素的需求;婴幼儿对能量、奶量、辅食量及提供次数的需求等。

三、恰当原则

恰当原则主要介绍喂养人的职责,在婴幼儿喂养实践中要落实人性化喂养的方法,要按照婴幼儿的食欲和吃饱信号提供;进餐次数和喂养方法符合婴幼儿的月龄;积极鼓励婴幼儿甚至在患病期间用手指、勺子自己进食充足的食品;让孩子愉快进餐。食物安全也是恰当原则的重要内容,应以清洁卫生的方式制备辅食,并用清洁的双手将贮存在清洁碗具中的辅食给婴幼儿喂食。

四、个体化原则

每个婴幼儿都具有个体特征,根据不同婴幼儿的个体特征应采取与之相应的喂养方式,并根据婴幼儿的个体体质及具体营养状况做出相应的调整。

第二节 婴幼儿科学喂养基本原则的落实

一、母乳喂养原则的落实

母乳喂养是指在出生后6个月内完全以母乳满足婴儿的全部液体、能量和营养需要的喂养方式。母乳是6个月龄之内婴儿最理想的天然食品。母乳所含的营养物质齐全,各种营养素之间比例合理,含有多种免疫活性物质,非常适合于身体快速生长发育,生理功能尚未完全发育成熟的婴儿。

母乳喂养除满足婴儿营养需要外,还对母亲及婴儿有许多持续有益的健康效应,并且母乳喂养亦有利于增进母子间的感情。研究证实,出生早期的营养会影响孩子儿童期神经行为的发育及表现,甚至对成年时期的某些慢性疾病也具有持续影响。

(1)母乳喂养可降低婴儿患感染性疾病的风险。母乳喂养可减少或消除婴儿摄入或接触污染的食物及容器的机会;母乳含免疫活性物质可促进婴儿免疫系统的成熟,抵抗感染性疾病,特别是呼吸道及消化道的感染。婴儿出生的前6个月给予全母乳喂养可明显降低发病率及死亡率。母乳喂养既可以显著降低婴儿腹泻的发病率,也可缩短腹泻的病程。母乳喂养婴儿的坏死性肠炎发病率也显著低于用婴儿配方食品喂养的婴儿。即使是部分母乳喂养,亦具有一定的保护作用。母乳喂养还有利于抵抗肺炎、中耳炎、菌血症、脑膜炎及尿道感染等感染性疾病。

(2)母乳喂养也可降低非感染性疾病及慢性疾病的风险。母乳喂养可降低患溃疡性结肠炎、儿童期肥胖和肿瘤等疾病的危险性。

(3)母乳喂养有利于预防儿童过敏性疾病的发生。因为母乳中所含的蛋白质大部分是婴儿的同种蛋白,不会被婴儿的免疫系统当作一种异种蛋白而导致过敏。

（4）母乳喂养可降低母亲乳腺癌的发病危险。

在婴幼儿的喂养过程中尽量采用母乳喂养的方式。

因各种原因不能用母乳喂养婴儿时,可采用配方奶或其他母乳代用品喂养婴儿,这种非母乳喂养婴儿的方法称为人工喂养。由于动物乳和母乳的营养成分存在一定差异,人类以母乳为蓝本对动物乳进行改造,使母乳代用品的成分、含量逐渐接近母乳。因此,无法用母乳喂养的婴儿,应首选适合0～6月龄婴儿的婴儿配方奶喂养。

当受到条件限制,无法完全用母乳喂养（如母乳不足,或者母亲需要外出工作等）,就需要补充母乳代用品,这种喂养方式称为部分母乳喂养或混合喂养。在部分母乳喂养时,要尽量保持母乳的分泌,定时喂奶,乳母要注意休息和营养、保持良好的心态,母亲需要外出工作等超过6个小时,至少要挤一次奶,将挤出的奶装在消毒好的瓶子里密封,放入冰箱保存,并于当天使用。母乳不足部分,可添加适量0～6月龄的婴儿配方食品。

对于6个月龄～12个月龄的婴幼儿,母乳仍是其理想的天然食物。一般从6个月龄开始,需要逐渐给婴幼儿补充一些非乳类食品。

二、及时原则的落实

1. 何时开始添加辅食

儿童营养是儿童健康成长的物质基础,当母乳或配方奶或母乳加配方奶不能满足宝宝对能量和营养素的需要时,必须开始添加辅食。确定宝宝开始添加辅食的具体时间,关键是要从宝宝的实际需要,而不是仅仅根据月龄来决定,一般出现以下情况,就可以考虑添加辅食。

（1）体重:体重须达到出生时体重的2倍,至少6千克。

（2）动作发育:动作发育有进步,能扶着坐好,俯卧时能抬头挺胸,能用双肘支持其重量。

（3）吃不饱:比如宝宝原来能一夜睡到天亮,现在却经常半夜哭闹,或者睡眠时间越来越短,每天母乳喂养8～10次或配方奶1 000 ml,但宝宝仍处于饥饿状态。

（4）对吃是否有兴趣:当父母舀起食物触及宝宝口唇时,宝宝表现有兴趣,很开心地张口或有口水流出,说明宝宝有进食欲望。相反,宝宝头或躯体转向另侧,或闭口拒食,则表明可能添加辅食过早。

（5）行为:别人在宝宝旁边吃饭时,宝宝很感兴趣,可能还会来抓勺子、筷子。如果宝宝将手或玩具往嘴里塞,说明宝宝对吃饭有了兴趣。

2. 辅食添加的正确顺序

宝宝从可以吃到学会吃是一个漫长的过程,4～6个月期间是宝宝尝试吃的阶段,在这个阶段开始添加辅食,在添加辅食的过程中,并不是想添加什么就可以添加什么,而是一定要按照正确的顺序添加辅食。

首先给宝宝添加的是含铁的米粉,能为宝宝提供充足的铁,预防缺铁性贫血的发生。接下来为宝宝添加的辅食是蔬菜汁（蔬菜泥）,如青菜汁、土豆泥、胡萝卜泥等,然后是水果汁、水果泥（如果先添加水果汁、水果泥,后添加蔬菜泥,会导致宝宝不爱吃蔬菜）。5个月以后开始添加蛋黄（鸡蛋为好），6个月以后添加鱼肉，以后逐渐添加鸡肉、鸭肉、猪肉等（由于牛、羊肉不易消化，宝宝3岁以前不宜过多食用）；7个月以后添加动物肝脏；8～9个月添加手指食品等。宝宝添加辅食的详细顺序见表5-1。

表 5-1　不同月龄辅食添加顺序

年　龄	添加补充食物	分　期
0～5个月	人工喂养或混合喂养的婴儿 可少量喝水、稀释的菜水、果汁	纯奶期
4个月	纯米粉（含铁） 蔬菜泥（胡萝卜泥、青菜泥、土豆泥、豌豆泥） 果汁、果泥（橙子、苹果、香蕉）	尝试吃的阶段
5个月	蛋黄、已经尝试过的食物	
6个月	鱼泥、简单混合食物 蛋黄米粉、胡萝卜米粉、青菜泥粥	学习咀嚼和吞咽的阶段
7个月	动物肝脏、鸡茸、鸭茸、猪肉末、蒸血末、高质量菜粥或烂面条（植物油）、碎菜等	
8～12个月至2～3岁	手指食品（饼干、面包、蔬菜条）、鸡肉粥、肉末粥、蒸全蛋羹（满10个月）、蟹虾肉泥、高质量菜粥或烂面条作为正餐食品、各色菜肴与软饭、面食等	逐步建立三餐三点饮食模式，向家庭餐桌食品过渡阶段
2～3岁	虾末菜花、蒸肉豆腐、豆制品、鱼、肉末、面条、软饭、饺子、馄饨、小蛋糕、燕麦片等	提供家庭平衡膳食阶段

3. 辅食添加的基本原则

添加辅食必须按照一定的原则进行，否则可能对宝宝一生的健康不利。添加辅食的基本原则有：

（1）适龄添加：添加的辅食必须与宝宝的月龄相适应。

（2）从少量开始添加：辅食要从少量开始添加，如开始喂含铁的米粉只有1～2勺，以后逐渐增加。

（3）从稀到稠：给宝宝添加的辅食时，还没有长出牙齿，因此只能给宝宝添加流质食品，逐渐再添加半流质食品，最后发展到固体食物。

（4）由一种到多种：辅食要一种一种的添加，不可将没有尝试过的食物混合在一起添加。每加一种食物，要尝试3～5天，适应后再添加另一种。如果发现对添加的食物（如：花生、蛋清、牛奶等）过敏后，可暂停食用，等幼儿消化道、免疫系统逐渐成熟后再行尝试。

（5）添加的辅食要新鲜：给宝宝添加的辅食，不能只注重营养，而忽略口味，这样不仅会影响宝宝的味觉发育，为日后挑食埋下隐患，还可能使宝宝对辅食产生厌恶，从而影响营养的摄取。

（6）辅食不能代替乳类：宝宝的主要食品是乳类，其他食品只是补充食物。

（7）要用匙子喂：添加的辅食都要用汤匙喂，不可使用奶瓶。

（8）健康的时候添加：在宝宝健康的时候添加辅食，生病或接种疫苗后可暂时不添加。

（9）吃过的东西要经常吃：宝宝已经学会吃的辅食，要经常给宝宝吃。

（10）添加的辅食要清淡：给宝宝添加的辅食要清淡（盐每天少于5克），一般12个月之前不提供食盐，之后可以加少量的盐。2岁之前不提供味精、鸡精等调味品。1岁以内的宝宝不宜吃甜品，避免体重过重。

（11）添加辅食时要有耐心：喂养者在给宝宝添加辅食的过程中必须要有足够的耐心，喂养者的耐心来自爱心，爱心是人性化喂养的核心。宝宝接受一种新食物，可能需要尝试6～8次，让宝宝尝试多次，甚至十数次。对吃过几次都吐出来的食物，仍然不可放弃，可以与其他宝宝喜欢的食物混合在一起喂给宝宝。

资料链接

辅食添加的12条建议

1. 用乳类作婴儿喂养的基础。

2. 当婴儿对单独供应乳类不再满足时，要及时添加辅助食品。

3. 要少量地、逐渐地按照辅食添加原则来添加泥糊状或固体食品。

4. 婴儿谷物应作为第一种添加的固体食品。

5. 先添加蔬菜，后添加水果，避免婴儿不接受蔬菜。

6. 要先添加单一的食品，后添加混合食品。

7. 到6～8月龄时，可开始喂颗粒较大需咀嚼的食物。

8. 要推迟喂成人餐用食品，至一周岁时才开始应用。

9. 要喂强化铁的婴儿谷物，直至一周岁。

10. 大于6个月龄的婴儿，他们的膳食要从五类基本食物中选择各种食物。

11. 不要重复补充强化相同维生素和矿物质的营养食品。

12. 根据需要喂哺，不要强迫孩子吃完奶瓶和饭碗中的食物。

三、充足原则的落实

婴幼儿的生长发育要求充足而均衡的营养，如矿物质、各类维生素，因本书第二章中对此有详细阐述，此处不再赘述。

四、恰当原则的落实

父母应积极鼓励和帮助正在进食的婴幼儿，即使他表现很好、食欲尚佳也应如此。从婴幼儿开始摄取乳类之外的其他食品一直到2岁前，父母都应在就餐时给予必要的帮助。一般婴幼儿吃得很慢，而且弄得一片狼藉，吃饭时很容易分心，这对于父母而言，是对他们的耐心和情绪的一种考验。父母

资料链接

各种矿物质及维生素含量较多的食物

(1) 含矿物质较多的食物

含钙较多的食物：豆类、奶类、蛋黄、骨头、深绿色蔬菜、米糠、麦麸、花生、海带、紫菜等。

含磷较多的食物：粗粮、黄豆、蚕豆、花生、土豆、硬果类、肉、蛋、鱼、虾、奶类、肝脏等。

含铁较多的食物：以肝脏中含铁最为丰富，其次是血、心、肾、木耳、瘦肉、蛋、绿叶菜、小白菜、雪里蕻、芝麻、豆类、海带、紫菜、杏、桃、李等。谷类中也含有一定量的铁。

含碘较多的食物：海带、紫菜等。

含硒较多的食物：海产品、肝、肾、肉、大米等。

(2) 含维生素较多的食物

含丰富维生素A的食物：鱼肝油、牛奶、蛋黄、蔬菜（苜蓿、胡萝卜、西红柿、南瓜、山芋等）、水果（杏、李、樱桃、山楂等）。蔬菜及水果中所含的胡萝卜素，即维生素A前身。

含维生素B_1较多的食物：谷类、麦麸、糠皮、豆类、肝类、肉类、蛋类、乳类、水果、蔬菜等。

含维生素B_2较多的食物：肝、肾、蛋黄、酵母、牛奶、各种叶菜（菠菜、雪里蕻、芹菜等）。

含维生素C较多的食物：新鲜蔬菜、水果、豆芽等。

含维生素D较多的食物：鱼肝油、蛋黄、牛奶、菌类、干菜。

含叶酸较多的食物：酵母、肝、绿叶蔬菜。

最重要的责任是让婴幼儿有足够的时间摄取足量食物，因此建议父母采取应答式的喂养方式来引导婴幼儿，并保持餐桌上愉快的气氛。

1. 应答式喂养

理想的辅食喂养不仅取决于喂什么，而且还取决于如何喂、何时喂、何处喂、由谁来喂孩子。应答性喂养，是指应用心理—社会保健的原理，使宝宝吃得好、吃得开心。应答是宝宝进食时的行为表现，喂养人对孩子在喂食时出现的表现与反应，要做出及时、合理的应答，同样宝宝也会对喂养人做出的应答表现出相应的反应。喂养人的正确应答又促使宝宝有良好的表现和反应，而且这种应与答有机结合起来，互动互换，贯彻在每一次喂养实践的始终，使喂养的过程随时间的推移逐渐营造出宽松愉悦的进食环境。最终的结果是孩子开开心心地吃，健健康康地成长，在心理和生理上都得到了极大的满足。

喂养人是应答式喂养的实施及调控者，要落实应答式喂养方法，喂养人应注意以下六点：

（1）喂养时间也是孩子学习和爱的交流时间，在喂养时要与孩子有目光的接触，并有语言的表扬和鼓励。

（2）喂养人直接喂婴儿，也可以帮助较大的儿童，让他（她）自己吃东西，敏感地注意孩子的饥饿和饱的信号。

（3）喂养人一定要有耐心，慢慢地喂孩子，鼓励孩子进食，但不能强迫孩子吃。

（4）如果孩子拒食许多食品，试着将不同食品混合来喂，注意口味、质地以及采用不同的鼓励办法。

（5）如果孩子很容易对吃失去兴趣，就应该在进食时减少娱乐，并注意示范。

（6）合理安排孩子的餐次，进餐次数和喂养方法要符合孩子的年龄。

2. 辅食的安全制备与储存

婴幼儿辅食的制作应清洁卫生，并用清洁的双手将贮存在清洁碗具中的辅食喂给宝宝。落实卫生与合适加工食品可采取以下方法：

（1）在食品制备与喂养之前，清洗喂养者和孩子的手；

（2）安全储存食品，并在制备好后立即食用；

（3）使用干净的容器来制备和存放食品；

（4）为孩子准备干净的杯和碗；

（5）避免用瓶子喂养，因为瓶子很难清洗干净。

3. 婴幼儿愉快进食的建议

如果婴幼儿十分健康的话，食欲是婴幼儿每日所需食物量的最好的指导。如果发现婴幼儿食欲下降，提示他可能什么地方出了问题，例如：婴幼儿病了或不高兴，家中又添了一位新婴幼儿而产生妒忌；婴幼儿企图得到更多的关注，进入一个对食物较为挑剔的阶段；膳食内容数天不变，使得婴幼儿感到厌倦。如果婴幼儿食欲在一段时间内一直不佳，则可能存在营养不良。

资料链接

宝宝快乐进食的15条建议

1. 婴幼儿食品应放在专用的碗里，以保证他能得到和摄取合适的数量。

2. 就餐时坐在婴儿旁边，看着他愉快地进食，并且在需要时积极地帮助和鼓励他。

3. 小年龄的婴儿常常会吃一会儿，玩一会儿，然后再吃一点。在鼓励婴幼儿进食时需要很有耐心、富有幽默感；有时还要运用一些技巧。婴幼儿停止进食时，要等待一会儿，然后再给他吃。

4. 给婴幼儿一些可以拿在手里的食品。婴幼儿常常喜欢自己动手吃，父母应该鼓励这种行为，并且有所准备去帮助婴幼儿，让大部分食物进入他的口中。

5. 婴幼儿自己进食有助于动作的协调性和神经肌肉的发育。

6. 如果婴幼儿仅仅拿他喜欢的食品吃，就应该将不同食品混合在一起，让他摄入均衡的营养。

7. 当婴儿开始发出饥饿信号时,应尽快喂食。如果让他长时间等待,就会影响他进食并且使他情绪低落,也有可能使他会失去食欲。

8. 婴幼儿睡觉时请不要再喂食。

9. 不要强迫婴幼儿进食,因为这样做会增加他的心理压力,并可能会降低他的食欲。请记住:就餐时间应该是放松的、欢快的时刻。

10. 要保证婴幼儿不口渴,在餐前或餐中不要提供太多液体食物,这样会影响婴幼儿食欲。

11. 在餐桌上做一些有趣的游戏,可以让不愿吃饭的婴幼儿吃得更多。例如假装匙子像一只小鸟飞进了他的嘴里,或者想象把食物给玩具或者其他孩子吃。

12. 在就餐当中,给婴幼儿做一些清洁工作,如擦擦嘴、换一个围兜等,让婴幼儿有一点休息时间。

13. 婴幼儿可能会拒绝接受某些食品来引起父母更多的注意。如果孩子拒绝某些食物,可以先将食物拿开,稍后再提供。如果他仍然拒绝,则提示真的不喜欢,应改变食物烹调方式或口味,以后再试。在婴幼儿吃得好的时候,应适时给予表扬。

14. 在陪婴幼儿进食的时候还可以告诉他一些新的词汇和概念,这样做能促进婴幼儿的智力发育。例如:餐具和食品的名称和颜色、区分大小、不同食物的味道等。

15. 就餐时间是鼓励婴幼儿发挥才能的很好机会,让婴幼儿感觉自己很能干,也能帮助父母了解自己的孩子能做些什么。当婴幼儿表现良好时,请父母别忘了对他微笑或拥抱他,并对他说:"宝宝真能干"或"宝宝真了不起"。

五、个体化原则的落实

每个婴幼儿都具有个体特征,不同体质特征的婴幼儿应采取与之相适应的喂养方法。

1. 足月小样儿的喂养

足月小样儿指胎龄38～42周出生,体重小于2 500克的宝宝。由于胎内营养不良影响了正常生长,导致小样儿主要表现为消瘦,所以小样儿应按照营养不良的原则进行喂养。由于小样儿的代谢比同体重的早产儿高,热量需求高,早期一定要进行足量喂养,使得小样儿的体重尽快增加,恢复在子宫内成长的正常速度,不但可以防止低血糖的发生,有利于体重增长,还有利于脑神经胶质细胞的生长,减少智力低下等后遗症的发生,这是决定小样儿以后健康的关键。

由于足月小样儿体内维生素、无机盐贮存量少,生长速度又快,应在医生指导下及时补充维生素D、磷、钙、铁等营养素,保证小样儿能正常健康地生长。

2. 早产儿的喂养

早产儿是指胎龄未满37周,出生时体重小于2 500克,身长小于46厘米的宝宝。导致早产的因素很多,如妊娠高血压、急性感染、重体力劳动或多胎等。由于早产儿个子小、体重低、机体发育不太成熟,对生存环境的适应能力相对较弱,应采用特殊方法喂养。由于早产儿口舌肌肉力量弱、消化能力差、胃容量小,而每天所需要的能量又比较多,因此可采用少食多餐的喂养方法。母乳最适合早产儿的胃口和消化能力,应尽量采取母乳(包括初乳)喂养,会降低早产儿发生消化不良性腹泻和其他感染的机会。

在早产儿的喂养过程中,应在医生的指导下在早产儿早期补充维生素E(10毫克每天,分两次服下)、复合维生素B(每次1片,每片含3毫克维生素B_1,1.5毫克维生素B_2,0.2毫克维生素B_6,10毫克烟酰胺,1毫克泛酸钙,每天2次)、维生素C(100毫克每天,分两次服用),从第2周开始补充鱼肝油(从每天1滴开始,逐渐增加,每天最多不得超过800国际单位),出生3个月后补充铁制剂(硫酸亚铁为宜,每次0.1克,每天3次)。

3. 巨大儿的喂养

在医学上称出生体重超过4 000克的宝宝为巨大儿,可能与遗传因素以及孕妈妈的营养状况有关。妈妈患有糖尿病或妊娠期间食量特别大时,容易生出巨大儿。巨大儿并不一定都是病态,不同情况的巨大儿应采取不同的喂养方式,具体的喂养方案可参考医生的意见确定。

不合理的喂养会导致宝宝虚胖,一般肌肉不结实、有贫血症状。这种宝宝的消化功能不正常、抵抗各种疾病的能力也不强,容易生病。对这样的宝宝应适当增加蛋白质、维生素和矿物质的供应,必要时可在医生指导下补充铁、锌制剂,以及鱼肝油,同时适当减少淀粉类食物的喂养量。等到宝宝5～6个月以后,可适当增加鱼肉和鸡蛋的供应,使宝宝体重缓慢增加,使宝宝的肌肉骨骼结实起来。巨大儿往往胃口较大,母乳有可能不够吃,这时可采取混合喂养。

4. 双胞胎的喂养

大多数双胞胎儿都提早来到人世间。由于早产,以致双胞胎儿先天不足、体重较轻(大约50%的双胞胎儿的体重在2 500克以下)。由于个子小、发育不成熟、环境适应能力以及生活能力比正常胎儿差,应采用特殊喂养方法进行喂养。

早产双胞胎儿与足月儿不同,他们的吸吮能力差,吞咽功能不全,易发生呛奶,而且胃容量小,消化能力差,极易溢奶,因此宜采取少食多餐的喂哺方法。双胞胎儿也应首选母乳喂养,出生后应尽早开奶。由于妈妈在孕期要孕育两个胎儿,营养素摄入往往不足,导致双胞胎儿体内各种营养素贮备较少,因此,要尽早给双胞胎儿添加营养素,如出生2周补充鱼肝油,出生5周补充铁剂等。

资料链接

婴幼儿喂养的常见误区

1. 液体食物喂养阶段

(1)宝宝一满月就加米粉(过早添加会增加对B族维生素的需求,影响吃母乳);

(2)宝宝一哭就喂奶(要分清楚宝宝为什么哭);

(3)配方奶喝得太多,每天超过1 000 ml(导致宝宝的体重增加过快);

（4）按书本严格控制奶量和间隔时间（在宝宝3个月之前要按需喂养，3个月后定时定量喂养）；

（5）过早断母乳（母乳是个宝，尽量给宝宝多喂些时候）；

（6）在纯母乳期间就开始添加辅食；

（7）给宝宝不合理的重复补钙和鱼肝油（重复补充可能会导致维生素D、维生素A中毒，且过多的钙不能被机体吸收反而增加肾脏的负担，不利于健康）；

（8）没有采取人性化的喂养方法，尤其缺乏与宝宝的目光交流和语言鼓励；

（9）奶粉配制过浓（造成宝宝大便干结，甚至加重肝脏负担）；

（10）过早吃盐，或喝有油水的汤水。

2. 辅助食物添加阶段

（1）过早或过晚添加辅食；

（2）肉汤、鱼汤的营养最好，不给宝宝吃鱼肉和猪肉（汤里营养少）；

（3）给宝宝长期吃保健食品（需要进补保健品时一定要在医生的指导下进行）；

（4）忽视泥状食物颗粒大小的阶段性变化（给宝宝添加辅食的食物性状顺序应从液态食物→泥态食物→固态食物）；

（5）缺乏耐心让宝宝尝试新食物，宝宝不愿意吃辅食，就多给他吃几顿奶，结果有些宝宝只喝不吃，造成营养不良（要让宝宝学会吃新食物，可能要尝试6～8次，但有些家长在尝试了几次之后就放弃了）；

（6）用水果代替蔬菜（两者不能互代）；

（7）过早添加动物肝脏、全蛋；

（8）全天安排进餐次数太多；

（9）提供未尝试过的混合食品，如八宝粥；

（10）粥或烂面条的质量不佳（在热能及营养素密度方面均不足）；

（11）采取强制性的喂养方法，要求宝宝每次吃完奶或碗里的食物。

第三节　合理膳食

一、合理膳食的定义

合理膳食又叫平衡膳食、健康膳食，是指能够提供种类齐全的营养素，并且各营养素的数量、比例合适的膳食。既能满足人体生长发育和保持健康的需要，同时还要保持各种营养素之间的比例平衡和多样化的食物来源，以提高各种营养素的吸收和利用，达到平衡营养的目的。

合理膳食的核心是合理的膳食结构,合理的膳食结构是指由各种食物构成能为孩子提供足够的热量和所需的各种营养素,同时还能保持各营养素之间比例平衡。对于婴幼儿来讲,合理膳食不光要满足其正常的消耗,还要满足其身体生长发育对营养物质的需要。同时,要通过平衡膳食结构有效防止产生营养不良或营养过剩的不良后果。只有按照平衡膳食组织原则来构建膳食结构,才能真正提供合理营养,膳食营养的质量才能得到保证。

二、合理膳食的组织原则

1. 食物多样化原则

由于人体所需的营养素种类较多,摄入的食物种类越多,得到的营养素也越全面。1岁以后的婴幼儿的膳食种类至少在10种以上,不同的食物为人体提供不同的营养素,例如:

粮谷类食物主要为人体提供碳水化合物,是膳食的主要热量来源,此外还提供蛋白质、B族维生素、矿物质和膳食纤维,如大米、面粉、粗粮(小米、燕麦、玉米等);

蔬菜主要提供胡萝卜素、维生素C、维生素B_2、叶酸、矿物质(钙、磷、钾、镁、铁等)和膳食纤维;

水果主要提供丰富的维生素C和膳食纤维,尤其果胶可促进肠道蠕动,利于消化;

动物性食物主要提供蛋白质、脂肪、矿物质和维生素A及B族维生素等;

乳类和豆类食物主要提供蛋白质、不饱和脂肪酸、B族维生素和磷脂等,还是天然钙质的良好来源。

每日的食谱应包括粮谷类食物、蔬菜、水果、动物性食品、奶及奶制品和大豆及大豆制品,缺一不可。同时还要掌握每日食物的构成与总数,并不是只要食物种类多就可以了,关键要从每一类食物中挑选多样化食品,在每一类食物中不仅品种要经常翻新,而且数量也要丰富。一般来说,每日摄入食物品种的总数宜保持在15～20种。

此外,还要注意摄入一些富含特殊营养成分的食品(每周1～2次),如动物肝脏、海带或紫菜、坚果类等。

2. 食物均衡性原则

所谓的均衡性原则就是按照一定的比例进食各种食物,同时还要注意合理的搭配各种食物,只有按照一定的比例摄入各种食物,才能为机体提供数量和比例都处于平衡状态的各种营养素(各种食物的推荐摄入量见表5-4),以保证为婴幼儿提供充足且均衡的营养。

平衡膳食还包含热能平衡。婴幼儿摄入的热能必须与婴幼儿日常生活中消耗的热能和生长发育所需的热能相平衡。如果摄入的热能过少,会使生长速度减慢甚至停止;摄入过多则会引起肥胖。

热能平衡主要是指三大营养素,即蛋白质、脂肪和碳水化合物之间的供热要平衡。在婴幼儿阶段,蛋白质应提供总热能的15%,脂肪为30%～35%,碳水化合物为50%～55%。只有在碳水化合物和脂肪提供足够的热能情况下,蛋白质才能被有效地用于促进婴幼儿生长。三餐提供的热能也要平衡。一般早餐提供25%、午餐35%、晚餐30%、点心10%。

此外,维生素和无机盐之间也要比例恰当,各种食物之间的比例都要恰当。

表 5-4　不同年龄儿童各种食物的推荐摄入量（克/天）

	～2岁	2～4岁	4～6岁	6～12岁	12～18岁
粮　食	100～125	150～200	200～250	250～350	350～500
蔬　菜	75～125	100～150	150～250	250～400	400～500
水　果	50～100	75～100	100～150	150～200	200
肉、禽、鱼	35～40	85～105	105～125	125～150	150
蛋	40	50	50	50	50
牛乳	250～500	400	400	400	400
豆制品	15～25	25	25～50	25～50	50

3. 适量原则

各种食物和营养素的摄入量都要适量。以中国营养学会编制的《中国居民膳食营养素参考摄入量》一书为依据制定不同年龄的婴幼儿一天的进食量，见表5-5。

表 5-5　婴幼儿各年龄每日饮食摄入量

年　龄	饮食摄入量
4～6个月	配方奶或母乳900 ml左右 米粉25～50 g　蛋黄半个　鱼10～20 g 蔬菜10～20 g　水果50 g
7～12个月	配方奶或母乳600～700 ml 粮食50～75 g　鸡蛋1个　禽、鱼、肉25～50 g 蔬菜和水果50～100 g　豆制品15～20 g
1～3岁	配方奶或母乳400～500 ml 鸡蛋1个　禽、鱼、肉50～100 g 蔬菜和水果100～150 g　粮食和豆制品100～150 g
4～6、7岁	奶类或奶制品200～400 ml　豆制品25～50 g 粮食200～250 g　鸡蛋1个　鱼、禽、肉类100～125 g 蔬菜和水果150～250 g

以上仅为平均量，必须根据婴幼儿的具体情况进行喂养，避免营养不良或过剩。4个月前应尽量摄入母乳，母乳不足添加配方奶，添加量多少根据母乳量而定。

食物适量原则强调在膳食结构中要避免提供过多的高能量食品，适量使用油脂和糖类等高能量食品，尽量使用低脂肪、低饱和脂肪酸和胆固醇膳食，用糖和盐（钠盐）要适量，对于维持能量和营养素平衡，以及减少营养过剩具有重要意义。

适量原则是针对目前大中城市儿童中超重肥胖日益严重的现状提出的重要措施。具体建议如下：

（1）烹调时要少用油脂，应以植物油为主，不要太油腻；少吃煎炸食品，动物性食物摄入量要适当等。

（2）挑选鱼肉、瘦肉，少吃肥肉以及富含饱和脂肪酸的动物油，婴幼儿也不宜食用固态植物油。

（3）最好不吃或少吃家禽的皮。

（4）控制动物内脏或蛋黄的摄入量，可减少胆固醇的摄入。每人每天胆固醇摄入量应小于300 mg。

（5）控制食用糖的用量，尽量少吃富含糖和油脂的巧克力、冰激凌、饼干、糖果、奶油蛋糕等。

（6）控制碳酸饮料及含糖饮料的摄入总量，饮料不能代替白开水。目前市场上许多含糖类饮料和碳酸饮料含有葡萄糖、碳酸、磷酸等物质，过多饮用，不仅会影响孩子的食欲，使儿童容易发生龋齿，而且还会造成过多能量摄入，不利于儿童的健康成长。

（7）适量用盐，菜肴宜清淡少盐。膳食中钠的来源除食盐以外，还来自食物本身，如海产品、动物内脏、酱制食品、腌制食品及调味品（酱油、味精等）。

（8）控制膨化食品的摄入。膨化食品多由味精、面粉、油类和盐制成，对孩子的健康无益。

4. 个体化原则

个体化原则是指食物的天然属性（温热、寒凉和平性）、季节特点（春暖、夏热、秋凉、东寒）、烹调方法应尽量与婴幼儿的体质保持一致，每个婴幼儿对膳食营养素的要求存在着个体差异，因此摄入量应与婴幼儿的年龄、性别、生理特点、肠胃消化功能、体力活动、目前的营养状况和食欲状况保持一致。

对于体质偏热或偏寒的宝宝而言，可以通过中医来调整，同时在饮食方面要注意挑选与宝宝体质相合适的食品，如偏热者可以多挑选平性或寒凉性食物，凡偏寒者可以多挑选平性或温热性食物。要注意的是，虽然是正常体质的宝宝，但是吃太多的热性食物或凉性食物，超过了机体的适应能力，同样会出现"食物伤人"的现象。因此，要根据不同的季节，根据宝宝的体质情况，合理挑选不同性质的食品来组织一日食谱。

资料链接 1

宝宝体质状况判断表

体 质 状 况	热	凉
舌苔和舌质	红或深红 黄苔或无苔	苍白 湿润或白苔
饮水情况	易口渴或喜欢喝水	喜喝热水或不喜欢喝水
粪 便	便秘和（或）大便干硬	大便松软，不成形和（或）有时腹泻
尿	尿色深和（或）尿少	尿色浅和（或）多尿
其 他	口苦，口臭或口腔溃疡，怕热；如果吃了过多热性食物，上述症状会明显或加重	怕冷；如果吃了过多凉性食物，上述症状会明显或加重

资料链接 2

食物的温凉谱

1. 粮食

温热性：面粉、高粱、糯米及其制品

寒凉性：荞麦、小米、大麦、青稞、绿豆及其制品

平　性：大米、籼米、玉米、红薯、赤豆及其制品

2. 蔬菜

温热性：扁豆、青菜、黄芽菜、芥菜、香菜、辣椒、韭菜、韭芽、南瓜、蒜苗、蒜苔、塌棵菜、大蒜、大葱、生姜、熟藕、熟白萝卜

寒凉性：芹菜、冬瓜、生白萝卜、苋菜、黄瓜、苦瓜、生藕、茄子、丝瓜、茭白、茨菇、紫菜、金针菜（干品）、海带、竹笋、冬笋、菊花菜、蓬蒿菜、马兰头、土豆、绿豆芽、菠菜、油菜、蕹菜、莴笋

平　性：卷心菜、番茄、豇豆、四季豆、芋艿、鸡毛菜、花菜、绿花菜（花椰菜）、黑木耳、刀豆、银耳、山药、草头、松子仁、芝麻、胡萝卜、洋葱头、蘑菇、香菇、蚕豆、花生、毛豆、黄豆、黄豆芽、白扁豆、豌豆

3. 水果

温热性：荔枝、龙眼、桃子、大枣、杨梅、核桃、杏子、橘子、樱桃

寒凉性：香蕉、西瓜、梨、柑子、橙子、鲜百合、甘蔗、柚子、山楂、芒果、猕猴桃、金桔、罗汉果、桑葚、杨桃、香瓜、生菱角、生荸荠

平　性：苹果、葡萄、柠檬、乌梅、枇杷、橄榄、花红、李子、酸梅、海棠、菠萝、石榴、无花果、熟菱角、熟荸荠

4. 动物性食品

温热性：羊肉、狗肉、黄鳝、海虾、河虾、雀肉、鹅蛋、猪肝

寒凉性：鸭肉、兔肉、河蟹、螺蛳肉、田螺肉、马肉、菜蛇、牡蛎肉、鸭蛋、蛤蚌

平　性：猪肉、鹅肉、鲤鱼、鲫鱼、青鱼、鲢鱼、甲鱼、泥鳅、海蜇、乌贼鱼、鸡血、鸡蛋、鸽蛋、鹌鹑肉、鹌鹑蛋、鳗鱼、鲥鱼、黄花鱼、带鱼、鱼翅、鲍鱼、海参、燕窝

5. 奶及奶制品、大豆及大豆制品

温热性：奶酪

寒凉性：牛奶

平　性：豆奶、豆制品

6. 干果

温热性：栗子、核桃、葵花子、荔枝、桂圆

平　　性：花生、莲子、芡实、榧子、榛子、松子、百合、银杏、大枣、南瓜子、西瓜子、芝麻、
　　　　　　橄榄

7．调味品

温热性：红曲、酒、醋、酒酿、红糖、饴糖、芥末、茴香、花椒、胡椒、桂花、红茶、咖啡

寒凉性：酱、玫瑰花、琼脂、豆豉、食盐、绿茶

平　　性：白糖、蜂蜜、可可

【思考题】

1. 科学喂养的基本原则是什么？如何落实？

2. 辅食添加的正确顺序是什么？添加辅食应遵循什么原则？

3. 什么是应答性喂养？如何落实？

4. 什么是平衡膳食？平衡膳食的组织原则有哪些？

教学课件

第 六 章

婴幼儿营养食谱的制定方法与实例

- 了解婴幼儿营养膳食结构与食物来源
- 掌握婴幼儿食谱制定原则、方法及计算

资料链接

中国居民膳食指南

1. 食物多样,谷类为主
2. 多吃蔬菜、水果和薯类
3. 常吃奶类、豆类或其制品
4. 经常吃适量的鱼、禽、蛋、瘦肉,少吃肥肉和荤油
5. 食量与体力活动要平衡,保持适宜体重
6. 吃清淡少盐的膳食
7. 饮酒应限量
8. 吃清洁卫生、不变质的食物

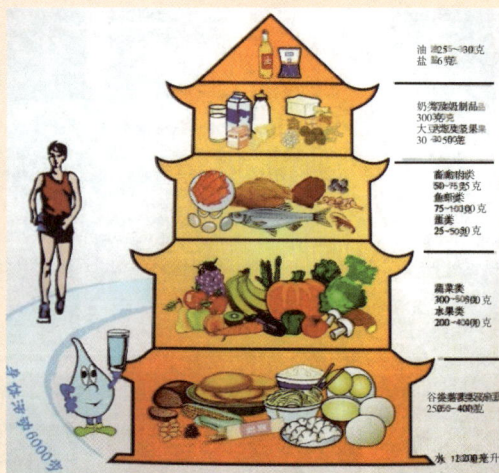

图6-1 中国居民平衡膳食宝塔

第一节　婴幼儿营养食谱制定的基本原则

一、婴幼儿平衡膳食应该满足的条件

① 一日膳食中食物构成要多样化,各种营养素应品种齐全。做到粗细搭配,荤素搭配,干稀搭配等。

② 各种营养素既要满足婴幼儿营养需要,又要防止过量。

③ 营养素之间比例应适当:蛋白质、脂肪、碳水化合物供能比例为1:2.5:4;优质蛋白质占蛋白质总量的1/2～2/3,动物性蛋白质占1/3;三餐供热比例为早餐30%左右,午餐40%左右,晚餐30%左右。

④ 科学的加工烹调。食物经加工与烹调后应尽量减少营养素的损失,并提高婴幼儿的消化吸收率。

⑤ 良好用餐。婴幼儿胃储量小,消化代谢快。除正餐三餐外,根据年龄区别要相应在三餐中适当加餐来满足婴幼儿的营养需求。1～2岁幼儿可以在早餐和午餐中用面点、牛奶、水果做加餐,午餐和晚餐中一般多用水果、糕点做加餐,晚上睡觉前也适当增加餐点进行能量补充。根据年龄的增长,将三餐三点逐渐变成三餐两点、三餐一点。培养幼儿良好就餐习惯的最佳时段是1～3岁,养成幼儿餐前洗手、在安静环境下就餐的习惯,鼓励幼儿自主就餐,多用描述语言鼓励幼儿自主就餐,避免挑食、偏食。

⑥ 食物对人体无毒无害保证安全,食物中不应含有对人体造成危害的各种有害因素。食物中的有害微生物、人工化学物质、农药残留、人工食品添加剂等应符合食品安全国家规定标准内。

二、婴幼儿膳食指南

1. 膳食指南的概念

膳食指南是根据营养学原则,结合我国国情,教育人民群众采用平衡膳食,以达到合理营养促进健康目的的指导性意见。中国居民膳食指南的核心是提倡平衡膳食与合理营养以达到促进健康的目的,也是在现代生活中提倡均衡营养的概念。

2. 中国居民平衡膳食宝塔

平衡膳食宝塔是指南的量化和形象化的表达,它提出了一个营养上比较理想的膳食模式。

3. 婴幼儿平衡膳食宝塔及膳食指南

0～6月龄婴儿膳食指南

✧ 纯母乳喂养

✧ 产后尽早开奶,初乳营养最好

✧ 尽早抱婴儿到户外活动或适当补充维生素D

✧ 给新生儿和1～6月龄婴儿及时补充适量维生素K

母乳是6个月以内婴儿最理想的天然食品按需喂奶,每天喂奶6～8次以上。
可在医生的指导下,使用少量营养补充品,如维生素D或鱼肝油。

图6-2　6个月内婴儿平衡膳食宝塔

◇ 不能用纯母乳喂养时,宜首选
婴儿配方食品喂养

◇ 定期监测生长发育状况

7～12月龄婴儿膳食指南

◇ 乳类优先,继续母乳喂养

◇ 及时合理添加辅食

◇ 尝试多种多样的食物,膳食少
糖、无盐、不加调味品

◇ 逐渐让婴儿自己进食,培养良
好的进食行为

◇ 定期监测生长发育状况

◇ 注意饮食卫生

1～3岁幼儿膳食指南

◇ 继续给予母乳喂养或其他乳制品,
逐步过渡到食物多样化

◇ 选择营养丰富、易消化的食物

◇ 采用适宜的烹调方式,单独加工制
作膳食

◇ 在良好环境下规律进餐,重视良好
饮食习惯的培养

◇ 鼓励幼儿多做户外游戏与活动,合
理安排零食,避免过瘦与肥胖

◇ 每天足量饮水,少喝含糖高的饮料

◇ 定期监测生长发育状况

◇ 确保饮食卫生,严格餐具消毒

逐渐添加的辅助食品,至12月龄
时,可达到如下种类和数量:
谷类每日40～110 g,
蔬菜和水果每日各25～50 g,
每日蛋黄1个或者鸡蛋1个,
每日鱼/禽/畜肉25～40 g,
烹调油每日5～10 g,

婴幼儿配方乳补充母乳的不足。
(母乳、配方乳每日600～800 ml)

继续母乳喂养。

图6-3 7～12月龄婴幼儿平衡膳食宝塔

油20～25 g

蛋类、鱼虾肉、瘦畜禽肉等100 g

蔬菜类和水果类各150～200 g

谷类100～150 g

母乳和乳制品,继续母乳喂养,
可持续至2岁;或幼儿配方食
品80～100 g

图6-4 1～3岁幼儿平衡膳食宝塔

三、婴幼儿食谱制定的原则

1. 平衡膳食,营养充足

平衡膳食能发挥各种食物的营养效能,提高生物价值和吸收利用率。在婴幼儿的食谱中,我们通过平衡膳食能够提供婴幼儿身体所需的各种营养成分。首先要保证婴幼儿每日七大营养素(碳水化合物、蛋白质、脂肪、维生素、矿物质、水和膳食纤维)按适当比例摄入;其次要做到婴幼儿可选食物类型比例配置得当。还须注意各食物要相互搭配,达到营养素相互补充的目的。

2. 合理分配各餐食物

婴幼儿肝脏中储存的糖原不多,体内碳水化合物较少,再加上活泼好动,容易出现饥饿,所以婴幼儿的饮食要遵循少量多餐。婴儿根据月份不同每天餐次约6～10次,1～3岁幼儿餐次一般安排是三餐三点或三餐两点。幼儿三餐三点的能量安排是:早餐占25%,早点占10%,午餐占30%,午点占

10%,晚餐占20%,晚点占5%。一般增加餐点多安排水果、坚果、牛奶等幼儿可食零食。

3. 考虑婴幼儿身心特点

为了满足婴幼儿身体所需的各种营养素,不仅要供给营养丰富的食物,还要考虑婴幼儿的心理、生理特点。由于婴幼儿胃容量小、消化液种类与量也较少,单调的食物容易产生厌食和偏食。

我们在注意餐次之间的间隔时间(2.5 ~ 3.5小时)的同时,制作膳食要注意食物的色、香、味以及食物的外观形象。根据各地的饮食习惯,经常调换花色品种,做到粗粮细作,细粮巧作,以促进婴幼儿良好的食欲。例如,紫薯包、小米粥、麻酱卷、腐乳卷等,面条可做成汤面、猫耳朵、面片、疙瘩等多种款式。幼儿在家的饮食里,家长可以将面点做成小动物引起幼儿的兴趣和食欲;幼儿在幼儿园的饮食里,多选用不同食物搭配使得食物色彩丰富增加幼儿的食欲。在食物的选择和制作上,要适应幼儿的消化能力和进食心理,防止食物过酸、过咸、过油腻。当然,制作食谱时也要考虑集体膳食的制作过程不应太复杂,否则难于实行。

4. 结合当时当地食物供应,兼顾经济条件

各地的食品供应情况各有不同,制定食谱者应经常了解当地市场的食品供应情况,总结出本地食品供应情况的规律,制定食谱时才能做到材料充足,价格合理,易于选择。在制订食谱时要掌握当地应季新鲜蔬果情况和各种食品价格的情况,选购物美价廉、营养价值高的食物。在食谱符合营养要求的前提,当然要考虑到各家庭或者园所的经济条件。要在进食人群能承受的经济能力下选择适当的食材并制作。

5. 注意制作和烹调方法,适合婴幼儿消化吸收能力

婴幼儿咀嚼和消化能力低于成人,他们不能进食一般家庭膳食和成人膳食。此外,家庭膳食中的过多调味品也不适宜婴幼儿,如鸡精、味精、酱油、纯糖类、盐。因此,食物要专门制作,从流食、半流食、软饭逐步变成普通米饭、面条等;肉类食物应加工成肉糜、肉末后制作;蔬菜先从打汁做辅食添加到婴儿食物中,再切碎、煮软;尽量减少食盐和调味品的使用;烹调方式多采用蒸、煮、炖、氽、爆炒、榨汁等;每天的食物要更换品种及烹饪方法。随着年龄的增长逐渐增加食物的种类和数量,烹饪方式和切配方式也逐渐向学龄前幼儿膳食过渡。

为了使婴幼儿在生长发育时期能够获得充足的营养素,以助他们生长发育,促进他们的智力发育,制订一份较好的婴幼儿食谱入手,把握以上原则,并在工作实践中灵活运用,就能取得事半功倍的效果,让婴幼儿健康成长。

第二节　婴幼儿营养配餐中常用工具

一、中国居民膳食营养素参考摄入量(DRIs)

1. 平均需要量(EAR)

EAR是根据个体需要量的研究资料制订的,是根据某些指标判断可以满足某一特定性别、年龄及生理状况群体中50%个体需要量的摄入水平。这一摄入水平不能满足群体中另外50%个体对该营养

素的需要。EAR是制定RNI的基础。

2. 推荐摄入量（RNI）

RNI相当于传统试用的RDA，是可以满足某一特定性别、年龄及生理状况群体中绝大多数（97%～98%）个体需要量的摄入水平。长期摄入RNI水平，可以满足身体对该营养素的需要，保持健康和维持组织中有适当的储备。RNI的主要用途是作为个体每日摄入该营养素的目标值。

3. 适宜摄入量（AI）

在个体需要量的研究资料不足而不能计算EAR，因而不能求得RNI时，可设定AI来代替RNI。AI是通过观察或实验获得的健康人群某种营养素的摄入量。例如，纯母乳喂养的足月产健康婴儿，从出生到4～6个月，他们的营养素全部来自母乳。母乳中供给的营养素量就是他们的AI值。AI的主要用途是作为个体营养素摄入量的目标。

制定AI时不仅考虑到预防营养素缺乏的需要，而且也纳入了减少某些疾病风险的概念。根据营养"适宜"的某些指标制定的AI值一般都超过EAR，也有可能超过RNI。

4. 最高可耐受摄入量（UL）

UL是平均每日摄入营养素的最高限量。这个量对一般人群中的几乎所有个体是不会引起不利于健康的作用。当摄入量超过UL而进一步增加时，损害健康的危险性随之增大。UL并不是一个建议的摄入水平。"可耐受"指这一剂量在生物学上大体是可以耐受的，但并不表示可能是有益的，健康个体摄入量超过RNI或AI是没有明确益处的。

二、中国食物成分表

要进行食谱的设计和营养素的计算，必须掌握食物原料中的营养素含量和能量等数据。因此，需要使用食物成分表。食物成分表提供了大量的食物营养数据，如果应用或理解不当，就可能带来很大的误差。使用食物成分表时，要注意以下四个问题。

第一，食物成分表中的食物原料可能产自不同地区，也可能属于不同品种，其营养素含量差异很大，在查询的时候应当高度注意。对于一些新品种，必要时应查询该品种的相关研究测定数据。

第二，同一种名称的食物原料往往有干品、鲜品、水发品、烹调品等不同含水量的数据，查询的时候应当注意看清其水分含量。

2004版

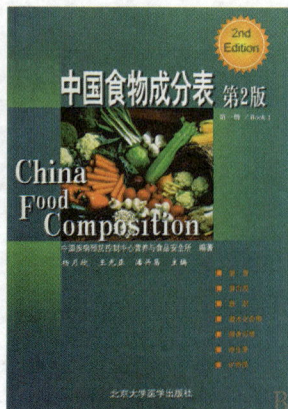

2009版

第三，食物原料的重量有"市品"和"食部"之分。前者是市场购入时的重量，后者是去掉皮、核、根、骨、刺等不可食部分之后，直接可以入口的重量。食物成分表中的数据均以食部100 g含量为基础，因此很多视频重量应当查询"可食部比例"换算成可食部重量。如果食物成分表中提供的"可食部比例"与实际情况差异较大，可以自行测定这一数值。

第四，食物成分表的天然食材数据中，没有按照烹调加工带来的营养素损失进行折算。

食物名	地区	可食部分	能量	水分	蛋白质	脂肪	膳食纤维	碳水化合物	视黄醇当量	硫胺素(VB1)	核黄素(VB2)	尼克酸(烟酸,YPP)	维生素E	钠	钙	铁	类别	抗坏血酸(VC)	类	胆固醇
大黄米(黍)		100	349	11.3	13.6	2.7	3.5	67.6		0.3	0.09	1.4	1.79	1.7	30	5.7	11		25	
大麦(元麦)		100	307	13.1	10.2	1.4	9.9	63.4		0.14	0.05	5	0.25	1.6	13	5.1	11		25	
稻谷(早籼)		64	359	10.2	9.9	2.2	1.4	74.8		0.14	0.05	5	0.25	1.6	13	5.1	11		25	
稻米(大米)		100	346	13.3	7.4	0.8	0.7	77.2	0	0.11	0.05	1.9	0.46	3.8	13	2.3	11	0	25	
稻米(粳,特级)		100	334	16.2	7.3	0.4		75.3		0.08	0.04	1.1	0.76	6.2	24	0.9	11		25	
稻米(粳,标一)		100	343	13.7	7.7	0.6	0.6	76.8		0.16	0.08	1.3	1.01	2.4	11	1.1	11		25	
稻米(粳,标二)	北京	100	348	13.2	8	0.6		77.7		0.22	0.05	2.6	0.53	0.9	3	0.4	11		25	
稻米(粳,标三)	北京	100	345	13.9	7.2	0.8	0.4	77.2		0.33	0.03	3.6	0.38	1.3	5	0.7	11		25	
稻米(粳,标四)	北京	100	346	13.1	7.5	0.7	0.7	77.4		0.14	0.05	5.2	0.39	1.6	4	0.7	11		25	
稻米(早籼,特等)		100	346	12.9	9.1	0.6	0.7	76		0.13	0.03	1.6		1.3	6	0.9	11		25	
稻米(早籼,标二)		100	351	12.3	8.8	1	0.4	76.8		0.16	0.05	2		1.9	10	1.2	11		25	
稻米(早籼,标二)	福建 福州	100	345	13.7	9.5	1	0.5	74.6		0.2	0.09	3		0.8	6	1	11		25	
稻米(晚籼,特)	福建 福州	100	342	14	8.1	0.3	0.5	76.7		0.09	0.1	1.5		0.6	6	0.7	11		25	
稻米(晚籼,标一)		100	345	13.5	7.9	0.7	0.5	76.8		0.17	0.05	1.7	0.22	1.3	9	1.2	11		25	
稻米(晚籼,标二)	福建 福州	100	343	14.2	8.6	0.8	0.4	76.8		0.18	0.06	2.6		0.9	6	2.8	11		25	
稻米(籼)		100	347	12.6	7.9	0.6	0.8	77.6		0.09	0.04	1.4	0.54	1.7	12	1.6	11		25	
稻米(优标)	广东 番禺	100	349	12.8	8.3	1	0.5	76.8		0.13	0.02	2.6		1.2	8	0.5	11		25	
稻米(籼,标一)		100	346	13	7.7	0.7	0.6	77.3		0.15	0.04	2.1	0.43	2.7	7	1.3	11		25	
稻谷(红)	江西 奉新	64	344	13.4	7	2	2	74.4		0.15	0.03	5.1	0.19	22		5.5	11		25	
稻米(香大米)	山东 曲阜	100	346	12.9	12.7	0.9	0.6	71.8			0.08	2.6	0.7	21.5	8	5.1	11		25	
方便面		100	472	3.6	9.5	21.1	0.7	60.9		0.12	0.06	0.9	2.28	1144	25	4.1	11		25	
麸皮	甘肃 临夏	100	220	14.5	15.8	4	31.3	30.1	20	0.3	0.3	12.5	4.47	12.2	206	9.9	11		25	
高粱米		100	351	10.3	10.4	3.1	4.3	70.4		0.29	0.1	1.6	1.88	6.3	22	6.3	11		25	
挂面(赖氨酸)		100	347	11.9	11.2	0.5	0.2	74.5		0.18	0.03	2.5		292.8	26	2.3	11		25	
挂面(标准粉)		100	344	12.4	10.1	0.7	1.6	74.4		0.19	0.04	2.5	1.11	15	14	3.5	11		25	

2014版

三、《中国居民膳食指南》和《中国孕期、哺乳期妇女和0～6岁儿童膳食指南》

《中国居民膳食指南》是根据营养学原则，结合国情制定的，是教育人民群众采用平衡膳食，以摄取合理营养促进健康的指导性意见。中国营养学会与中国预防医学科学院营养与食品卫生研究所组成了《中国居民膳食指南》专家委员会，对中国营养学会于1989年建议的《我国的膳食指南》进行了修改，制定了《中国居民膳食指南》及其说明，并于1997年4月由中国营养学会常务理事会通过，正式公布。

《中国孕期、哺乳期妇女和0～6岁儿童膳食指南》由中国营养学会委托中国营养学会妇女分会制定。本书在《中国居民膳食指南》的基础上，根据营养科学的最新进展，针对孕妇、乳母和0～6岁儿童这一特殊人群的生理需求和营养需要特点，结合我国国情，提出的平衡膳食建议，以达到合理营养促进健康的目的。同时，将婴幼儿各生长阶段的平衡膳食宝塔同步推出。

四、加工食品的营养标签

随着加工食品在人们的饮食中所占份额越来越大，仅仅靠食物成分表已经不能跟上食物品种的日益丰富。在食谱当中，也难免会出现一些加工食品。这些食品的营养素数据大部分在食物成分表上找不到。这时候，只能依赖于食品包装上提供的相关营养数据。

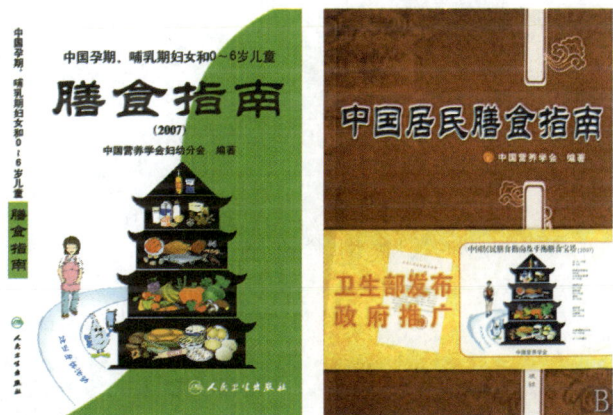

我国卫生部发布并在2008年5月1日开始实施的《食品营养标签管理规范》中提出食品营养标签是食品标签的重要内容,它显示了食品的营养特性,是消费者了解食品营养组分和特征的主要途径。

五、食物交换份

在设计食谱时,每次都进行营养素的详细计算,工作量较大,非专业人员难以掌握。为了方便食谱制作,可以将常用的各类食物按照其主要营养素的数量分成份,计算出每一份食物所含的实物的质量或体积,以便替换使用。例如,主食品通常按照碳水化合物的数量来计算,表6-1中列出了相当于50 g生面粉和生大米的食物重量;动物性食品通常按照蛋白质的数量来计算,表6-2中列出了相当于50 g瘦牛肉的食物重量。这样,人们就可以自由地选择多种食物进行替换,而不会影响到营养平衡。表6-3为豆类食品的等蛋白质含量交换表。

表6-1 谷类和薯类食物的等量碳水化合物交换表

食 物(食部)	重 量(g)	食 物(食部)	重 量(g)
面粉(生)	50	挂面	50
大米(生)	50	面包	75
玉米(干)	50	干粉丝	40
小米(生)	50	马铃薯	230
荞麦(生)	50	甘薯	150

注:每一份相当于碳水化合物约40 g

表6-2 动物性食品的等量蛋白质交换表

食 物(食部)	重 量(g)	食 物(食部)	重 量(g)
去皮鸡肉	50	鱼	60
瘦牛肉	50	虾	60
瘦羊肉	50	牛奶	330
瘦猪肉	60	酸奶	400
去壳鸡蛋	75	奶粉	40

注:每一份相当于蛋白质约10 g

表6-3 豆类食品的等量蛋白质交换表

食 物	蛋白质/%	交换重量/g	食 物	蛋白质/%	交换重量/g
干黄豆	35	15	北豆腐	12	45

（续表）

食 物	蛋白质 /%	交换重量 /g	食 物	蛋白质 /%	交换重量 /g
豆 浆	1.8	300	豆 干	15	35
豆腐脑	2	200	豆腐丝	20	25
南豆腐	6	85	干腐竹	45	12

注：每一份相当于蛋白质约 5 g

资料链接

食物原料加工成其他类似产品的折合计算

奶类中包括牛奶、酸奶、奶粉等品种。推荐的 300 g 奶类食品相当于液态奶 300 g（包括牛奶或酸奶），或不含糖的纯奶粉 40 g（7 kg ～ 8 kg 牛奶可转变成 1 kg 奶粉）。

大豆属于干黄豆，制成豆制品后，含水量差异较大，故而应按含水量来折算。40 g 大都可折合为水豆腐 180 g（北豆腐含水 80%）、豆腐干 120 g（平均含水 70%）或豆浆约 800 ml（按 1 ∶ 20 加水量计算）。

第三节 婴幼儿食谱编制方法

食谱制定的方法是根据食物结构、膳食指南等要求，有计划地进行膳食调配的一种科学方法。其目的在于使用餐儿童每日的能量和营养素达到供给标准，保证身体健康。

一、计算法编制幼儿食谱

计算法是按照就餐幼儿的各种营养素和热量摄入量标准，从三大产能营养素着手，确定主食和副食的数量，然后逐步进行的计算方法。其具体步骤如下。

1. 确定用餐对象全日能量供给量

就餐幼儿一日三餐两点的能量供给量可根据膳食营养素参考摄入量（DRIs）中能量的推荐摄入量（RNI）。

例如：一个 2 岁的女孩，查 DRIs 表得出其能量的供给量为 1 150 kcal。

2. 确定三种产能营养素全日应提供的能量

三种产能营养素是蛋白质、脂肪、碳水化合物，为了维持幼儿健康，这三种营养素产能占总能量的比例应当适宜。一般蛋白质占总能量的12% ～ 15%，脂肪占总能量的30% ～ 45%，碳水化合物占总能量的40% ～ 60%。

例如：已知某2岁男童每日能量需要量为1 200 kcal，查DRIs得知，2岁男童蛋白质需要量为40 g，脂肪占总能量的40%。则三种产能营养素各应提供的能量如下：

蛋白质提供：40 g×4=160 kcal

脂肪应提供：1 200 kcal×40%=480 kcal

则碳水化合物提供：1 200 kcal−160 kcal−480 kcal=560 kcal

3. 确定三种产能营养素每日需要数量

知道了三种产能营养素各应提供的能量，还需要将其折算为营养素的需要量，即具体的质量，这是确定食物品种和数量的重要依据。

根据三种产能营养素的能量供给量及其能量折算系数，可求出全日蛋白质、脂肪、碳水化合物的需要量。

例如：已知2岁男童所需能量为1 200 kcal，脂肪提供40%，蛋白质提供40 g。则三种产能营养素每日需要数量如下：

蛋白质提供：40 g

脂肪应提供：1 200 kcal×40%÷9=53 g

碳水化合物提供：(1 200 kcal−40×4−1 200 kcal×40%)÷4=140 g

4. 确定三种产能营养素每餐需要量

根据上一步计算结果，按照30%、40%、30%的三餐基础上分为早餐+加餐30%、午餐+加餐40%、晚餐+加餐30%。则三种产能营养素的三餐需要量如下：

早餐+加餐：蛋白质=40 g×30%=12 g

脂肪=53 g×30%=16 g

碳水化合物=140 g×30%=42 g

午餐+加餐：蛋白质=40 g×40%=16 g

脂肪=53 g×40%=21 g

碳水化合物=140 g×40%=56 g

晚餐+加餐：蛋白质=40 g×30%=12 g

脂肪=53 g×30%=16 g

碳水化合物=140 g×30%=42 g

5. 确定主食、副食的品种和数量

根据食物成分表，就可以确定主副食品种和数量。

① 主食品种、数量的确定。

由于粮谷类是碳水化合物的主要来源，故根据碳水化合物的数量通过查找食物成分表可确定主食品种和数量。一般每100 g谷类食物含碳水化合物75 g左右。

以早餐为例：所需主食重量：42 g÷75%=56 g

如以小米粥和馒头为主食，则可安排小米粥（小米21 g）馒头（面粉35 g）

② 副食品种、数量的确定。

主食品种、数量确定后，接着要考虑蛋白质的食物来源。蛋白质广泛存在于动植物食物中。除了谷类食物能提供蛋白质外，各类动物性食物及豆制品也是优质蛋白质的主要来源。

因此，副食品种、数量的确定应在已确定主食用量的基础上，依据副食应提供的蛋白质量来确定。其计算步骤如下（仍以早餐为例）：

A. 计算主食中含有的蛋白质重量

$$小米21 g×9\%+面粉35 g×10.3\%=5.5 g$$

B. 需摄入的蛋白质量减去主食中蛋白质量，即为副食应提供的蛋白质量

$$12 g-5.5 g=6.5 g$$

C. 安排鸡蛋1个（50 g），查表计算鸡蛋的蛋白质含量需要量，则鸡蛋的蛋白质含量为

$$50 g×88\%×12.8\%=5.6 g$$

6. 确定蔬菜量

选择蔬菜的品种和数量，根据不同季节时常的供应情况，以及考虑与动物性食物和豆制品配菜的需要来确定。

7. 确定纯能量食物的量

油脂的摄入应以植物油为主，有一定量动物脂肪摄入。由食物成分表可知每日摄入各类食物提供的脂肪含量，用需摄入的脂肪量减去食物提供的脂肪量即为每日植物油供应量。

【实例1】婴儿食谱编制程序

（一）工作准备

① 记录本、记录笔、《中国居民膳食营养素参考摄入量》表。

② 了解婴幼儿的出生体重（是否处于正常范围2.5 kg～4.0 kg）、出生时身长（平均50 cm）、月龄等。

（二）工作程序

某婴儿，女，4个月。出生时体重2.9 kg，身长50 cm。目前体重6.2 kg，身长66 cm为例。

程序1　基本情况

完成幼儿基本情况调查，填写表6-4。

表6-4　婴儿基本情况调查表

幼儿姓名：×××　　　　幼儿性别：女

幼儿基本情况		是否处于正常范围
出生日期	2015年2月12日	—
调查日期	2015年7月2日	—
现月龄/月	4	—

（续表）

幼儿基本情况		是否处于正常范围
出生体重/kg	2.9	是
出生身长/kg	50	是
现体重/kg	6.2	是
现身长/cm	66	偏高
母乳喂养	是	—
人工喂养	否	—
是否开始辅食添加	否	—
辅食添加种类及数量	—	—

结论：该婴儿出生体重和身长，及其目前体重和身长均处于正常范围。

程序2　确定能量及营养素的摄入量

查表法

营养素需要量的确定可以直接查表的方法，如根据婴幼儿月龄查《中国居民膳食营养素参考摄入量》表，确定婴儿每天所需要的各种营养素需要量。

该4月龄女婴，母乳喂养，查表可知每天能量的AI为95 kcal/kg，蛋白质的RNI为1.5 ～ 3.0 g/kg，脂肪占总能量的45% ～ 50%。已知该女婴的体重是6.2 kg，在正常体重范围，因此

能量 =95 kcal/kg×6.2 kg=589 kcal

蛋白质 =2.0 g/kg×6.2 kg=12 g

脂肪 =589 kcal×45%÷9 kcal/g=29 g

碳水化合物 =（589 kcal–12 g×4 kcal/g–29 g×9 kcal/g）÷4 kcal/g=70 g

查表得出：4月龄每天钙、碘、锌的RNI分别为300 mg、50 μg、1.5 mg，铁的AI为0.3 mg/d。维生素A、维生素D、维生素B₁、维生素B₂、维生素C的RNI分别为400/μgRE、10 μg、0.2 mg、0.4 mg、40 mg。

已知人乳每100 g所提供的能量为70 kcal，其中蛋白质0.9 g、脂肪3.8 g、乳糖7 g、钙34 mg、铁0.05 mg、碘0.003 μg、锌0.4 mg、维生素A 569.4 μg、维生素B₁ 160 μg、维生素B₂ 360 μg、维生素C 43 mg；婴儿配方奶粉每100 g所提供的能量为443 kcal，其中蛋白质19.8 g、脂肪15.1 g、碳水化合物57 g、钙998 mg。

因4月龄婴儿主要由母乳提供营养，已知若人乳提供1 000 ml，则基本能够满足4月婴儿营养所需；若人乳不够，则适当添加婴儿配方奶粉。

【实例2】幼儿食谱编制程序

某幼儿，男，2岁。出生时体重3.0 kg，身长52 cm。目前体重11.5 kg，身长87 cm。

（一）工作准备

① 记录本、记录笔、《中国居民膳食营养素参考摄入量》表。

② 准备食物成分表、计算器、营养计算软件。

③ 设计基本情况调查表。

（二）工作程序

程序1　基本情况

完成幼儿基本情况调查，填写表6-5。

表6-5　幼儿基本状况调查表

幼儿姓名：×××　　　　幼儿性别：男

幼儿基本情况		是否处于正常范围
出生日期	2013年6月25日	—
调查日期	2015年7月2日	—
现年龄/岁	2	—
出生体重/kg	3.0	是
出生身长/kg	52	是
现体重/kg	11.5	是
现身长/cm	87	偏高

结论：该幼儿出生体重和身长，及其目前体重和身长均处于正常范围。

程序2　确定幼儿能量及各类营养素需要

根据幼儿性别/年龄查《中国居民膳食营养素参考摄入量》表确定该幼儿每天对各种营养素的需要量。

查表得知2岁男童能量为1 200 kcal，蛋白质40 g，脂肪占总能量的30%～35%。钙、铁的AI每天分别为600 mg、12 mg，碘、锌的RNI每天分别为50 μg、9 mg。维生素A、维生素D、维生素B_1、维生素B_2、维生素C的RNI分别为500 μgRE、10 μg、0.6 mg、0.6 mg、60 mg。

$$脂肪（g）=能量（kcal）\times 脂肪占总能量百分比 \div 脂肪的产能系数$$
$$=1\,200\times 32\% \div 9=43（g）$$

碳水化合物（g）=［能量（kcal）–蛋白质提供能量（kcal）–脂肪提供能量（kcal）］÷碳水化合物产能系数

$$=（1\,200–40\times 4–1\,200\times 32\%）\div 4=164（g）$$

程序3　确定餐次及比例

幼儿可分为三餐三点，分别早餐25%～30%，中、晚餐各30%～40%。

程序4　确定食物种类和数量

（1）主食品种、数量的确定。

主食的数量主要根据各类主食原料中碳水化合物的含量确定，若以大米粥为主食，查食物成分表得知，每100 g大米含碳水化合物77.7 g，则

主食数量（g）=膳食中碳水化合物供能量（g）÷某种食物所含碳水化合物的百分含量

所需大米数量（g）=164÷77.7%=211（g）

（2）副食品种、数量的确定。

副食品种和数量的确定应在已确定主食用量的基础上,依据副食应提供的蛋白质数量确定。

① 计算主食中的蛋白质供给量。

② 全日蛋白质共给量减去主食蛋白质供给量,即为副食应提供的蛋白质质量。

$$副食的蛋白质供给量（g）=全日蛋白质供给量-主食中蛋白质供给量$$

③ 查表并计算各类动物性食物及豆制品的数量。

④ 蔬菜品种和数量。确定了动物性食物和豆制品的数量,最后是选择蔬菜的品种和数量。蔬菜的品种和数量可根据不同季节市场的蔬菜供应情况,以及考虑与动物性食物和豆制品配菜的需要来确定。

⑤ 确定纯能量食物。油脂的摄入应以植物油为主,并有一定量动物脂肪的摄入。

程序5　设计食谱

根据以上确定的食物种类和数量,设计一日食谱见表6-6。此食谱由营养计算软件进行配餐及调整。

表6-6　幼儿一日食谱

餐　　次	食 物 名 称	食　品
早　餐	牛肉粥	牛肉末10 g　稻米25 g
	牛　奶	牛奶200 ml
早　点	蒸蛋羹	鸡蛋50 g
	饼　干	饼干10 g
午　餐	软米饭	稻米50 g
	番茄肝泥汤	西红柿100 g　羊肝25 g
	炒碎白菜叶	白菜50 g　豆油10 ml
午　点	橘　子	橘子100 g
	面　包	面包40 g
晚　餐	细面条	面条50 g
	炒碎油菜叶	油菜100 g
	红烧带鱼	带鱼25 g　豆油12ml
晚　点	牛　奶	牛奶150 ml

程序6　食谱营养成分计算

可用营养计算软件计算一日食谱营养成分,结果见表6-7和表6-8。

表6-7　膳食营养素摄入量计算表

项　　目	能 量 /kcal	蛋白质 /g	脂 肪 /%	维生素A/μ gRE	维生素B$_1$/mg	维生素B$_2$/mg	维生素C/mg	钙/mg	铁/mg	锌/mg
摄入量	1 160	44.3	33	1 594	0.6	1.4	68	515	16.1	7.9
目标量	1 200	40	30～35	500	0.7	1.4	60	600	12.0	9.0

表6-8 餐次能量比例和宏量营养素供能比

餐 次	目 标	能 量 /kcal	蛋白质 /g	脂 肪 /g	碳水化合物 /g
早餐、早点	300～420	322.8	16.7	13.5	34.1
午餐、午点	480	462.5	13.9	13.4	71.5
晚餐、晚点	360～420	374.3	13.7	15.6	45.1
合 计	1 200	1 159.6	44.3	42.5	150.7
餐 次	目 标	能 量 /kcal	蛋白质 /g	脂 肪 /g	碳水化合物 /g
早餐、早点	25%～35%	27.8	37.7	31.8	22.6
午餐、午点	35%～40%	39.9	31.4	31.5	47.4
晚餐、晚点	30%～35%	32.3	30.9	36.7	29.9
功能比	——	100	15.3	33	51.7

程序7　食谱营养素的差距检查

根据能量、各种营养素膳食参考摄入量为营养目标,核对差距,确定编制的食谱是否符合预定目标。

将该食谱提供的能量和各种营养素的含量,与中国居民膳食营养素参考摄入量标准进行比较,相差在90%～110%,可认为基本符合要求,否则需要增减或更换食品的种类或数量。

值得注意的是,制定食谱时不必严格要求每份营养餐食谱的能量和各类营养素均与目标保持一致。一般情况下,每天能量、蛋白质、脂肪和碳水化合物的量不能相差太大,其他营养素平均每周符合目标即可,见表6-9。

表6-9 膳食营养素提供量与预定目标差距评价

项 目	能 量 /kcal	蛋白质 /g	脂肪 /%	维生素A/μgRE	维生素B$_1$/mg	维生素B$_2$/mg	维生素C/mg	钙 /mg	铁 /mg	锌 /mg
摄入量	1 160	44.3	33	1 594	0.6	1.4	68	515	16.1	7.9
目标量	1 200	40	30～35	500	0.7	1.4	60	600	12.0	9.0
比 例	97	110	79～106	318	86	100	113	86	134	88
(%)差距	√	√	√	+200%	-14%	√	√	-14%	√	-12%

程序8　食谱调整

从计算分析来看,餐次比例合理,能量和三大营养素供给合理。其中,维生素B$_1$、钙、锌略低,而维生素A过高(高出200%以上)。

应将羊肝的用量从25 g减少到10 g,增加牛肉末10 g即可调整营养素的供给。

二、食物交换份法编制幼儿食谱

1. 食物交换份法的概念

食物交换份法是把常用的食品按照所含营养素的特点进行分类,各类食物中只要产生90 kcal(或376 kJ)热量的食物称为一个交换份(一份)。

每个人只要按照其年龄、性别、工作性质、劳动强度、所需的能量,对照表中所列的份数选配食物,就基本上满足平衡膳食的需要。

2. 食物交换份法的优点

● 易于达到平衡。

● 便于了解总能量。

● 做到食品多样化。

● 利于灵活掌握。

3. 根据膳食指南,将食物分为五大类

◇ 第一类:谷类及薯类(米面粗细粮、马铃薯紫薯等)

◇ 第二类:动物性食物(肉、禽、鱼、奶、蛋)

◇ 第三类:豆类及其制品

◇ 第四类:蔬菜和水果

◇ 第五类:纯能量食物

4. 各类食物的每单位食物交换代表(见6-10)

表6-10　各类食物交换

食物种类		份数	每份重量(g)	能量(kcal)	蛋白质(g)	脂肪(g)	碳水化合物(g)	主要营养素
谷类和薯类	谷薯类	1	25	90	2		20	碳水化合物 膳食纤维
蔬菜水果类	蔬菜类	1	450	90	5		17	维生素 矿物质 膳食纤维
	水果类	1	200	90	1		20	
动物性食物	肉蛋类	1	50	90	9	6	2	蛋白质
	奶类	1	160	90	5	5	6	
豆类及其制品	大豆类	1	25	90	9	4	4	
纯能量食物	油脂类	1	10	90	—	10	—	脂肪
	坚果类	1	15	90	4	7	2	

5. 等值食物种类交换表(见表6-11至6-17)

表6-11　等值谷薯类交换

每份谷薯类提供蛋白质2 g、碳水化合物20 g、能量90 kcal			
食品	重量(g)	食品	重量(g)
大米、小米、糯米	25	绿豆、红豆、干豌豆	25
高粱米、玉米渣	25	干粉条、干莲子	25
面粉、玉米面	25	油条、油饼、苏打饼	25
混合面	25	烧饼、烙饼、馒头	35
燕麦片、荞麦面	25	咸面包、窝窝头	35

（续表）

每份谷薯类提供蛋白质 2 g、碳水化合物 20 g、能量 90 kcal			
食品	**重 量（g）**	**食品**	**重 量（g）**
各种挂面、龙须面	25	生面条、魔芋生面条	35
马铃薯	100	鲜玉米	200

表 6-12　等值蔬菜交换

每份蔬菜类提供蛋白质 5 g、碳水化合物 17 g、能量 90 kcal			
食品	**重 量（g）**	**食品**	**重 量（g）**
大白菜、圆白菜、菠菜	500	胡萝卜	200
韭菜、茴香	500	倭瓜、南瓜、花菜	350
芹菜、莴苣、油菜	500	扁豆、洋葱、蒜苗	250
葫芦、西红柿、冬瓜	500	白萝卜、青椒、茭白、冬笋	400
黄瓜、茄子、丝瓜	500	山药、荸荠、藕	150
芥蓝菜、瓢菜	500	茨菇、百合、芋头	100
苋菜、雪里蕻	500	毛豆、鲜豌豆	70
绿豆芽、鲜蘑菇	500		

表 6-13　等值水果交换

每份水果类提供蛋白质 1 g、碳水化合物 21 g、能量 90 kcal			
食品	**重 量（g）**	**食品**	**重 量（g）**
柿、香蕉、鲜荔枝	150	李子、杏	200
梨、桃、苹果（带皮）	200	葡萄（带皮）	200
桔子、橙子、柚子	200	草莓	300
猕猴桃（带皮）	200	西瓜	500

表 6-14　等值大豆交换

每份大豆类提供蛋白质 9 g、脂肪 4 g、碳水化合物 4 g、能量 90 kcal			
食 品	**重 量（g）**	**食 品**	**重 量（g）**
腐　竹	20	北豆腐	100
大　豆	25	南豆腐	150
大豆粉	25	豆浆	400
豆腐丝、豆腐干	50		

表 6-15　等值肉蛋类交换

每份肉蛋类提供蛋白质 9 g、脂肪 6 g、能量 90 kcal			
食 品	**重 量（g）**	**食 品**	**重 量（g）**
熟火腿、香肠	20	鸡蛋（1 大个带壳）	60

(续表)

每份肉蛋类提供蛋白质9g、脂肪6g、能量90 kcal			
食 品	重 量（g）	食 品	重 量（g）
半肥半瘦猪肉	25	鸭蛋、松花蛋（一大个带壳）	60
熟叉烧肉（无糖）、午餐肉	35	鹌鹑蛋（六个带壳）	60
瘦猪、牛、羊肉	50	鸡蛋清	150
带骨排骨	50	带 鱼	80
鸭 肉	50	鹅 肉	50
草鱼、鲤鱼、甲鱼、比目鱼	80	大黄鱼、鳝鱼、黑鲢、鲫鱼	100
兔 肉	100	虾、青虾、鲜贝	100
熟酱牛肉、熟酱鸭	35	蟹肉、水浸鱿鱼	100
鸡蛋粉	15	水浸海参	350

表6-16　等值油类交换

每份油脂类供脂肪10g、能量90 kcal			
食 品	重 量（g）	食 品	重 量（g）
花生油、香油、菜籽油（1汤匙）	10	核桃、杏仁、花生米	15
玉米油、豆油（1汤匙）	10	葵花籽（带壳）	25
猪、牛、羊、黄油	10	西瓜子（带壳）	40

表6-17　不同能量饮食中各类食物交换份数

能量 (kcal)	交换总份数	谷类（份）	蔬菜（份）	肉类（份）	乳类（份）	水果（份）	油脂（份）
1 000	12	6	1	2	2	——	1
1 200	12.5	7	1	3	2	——	1.5
1 400	16.5	9	1	3	2	——	1.5
1 600	18.5	9	1	4	2	1	1.5
1 800	21	11	1	4	2	1	2
2 000	23.5	13	1	4.5	2	1	2

【实例3】集体幼儿食谱编制

某幼儿园有2岁托班幼儿，共132人，其中男孩76人，女孩56人。该幼儿园将对这部分托班幼儿单独制定食谱。

1. 确定幼儿膳食能量目标

集体用餐对象的能量目标首先从总体人群中区分为性别年龄亚组，然后分别加和不同亚组人群的能量需要，计算能量需要平均值。

查表可得2岁男童能量RNI为1 200 kcal，蛋白质40 g，脂肪占30%～50%；2岁女童能量RNI为1 150 kcal，蛋白质40 g，脂肪占30%～50%。

能量平均需要量=（76×1 200+56×1 150）÷132=1 178.788 kcal

2. 确定幼儿各类食物交换份数

托班幼儿平均摄入量1 179 kcal，日托幼儿在园摄入能量满75%～85%即可。参考表6-17，托班幼儿各类食物交换按能量1 000 kcal标准来计算。则谷类需要6份、蔬菜1份、肉类2份、乳类2份、油脂1份。

3. 根据餐次比计算每餐营养素参考摄入量

早餐、早点占总能量的30%，午餐、午点占总能量的40%，晚餐占总能量的30%。设该男童脂肪供能占40%，则碳水化合物摄入量=（1 178.788–1 178.788×40%–40×4）÷4=136.82 g

（1）早餐+早点、晚餐营养素摄入量目标

能量=1 178.788×30%=353.636 kcal

蛋白质摄入量=40×30%=12 g

脂肪摄入量=52.39×30%=15.717 g

碳水化合物摄入量=136.82×30%=41.046 g

（2）午餐、午点营养素摄入量目标

能量=1 178.788×40%=471.515 kcal

蛋白质摄入量=40×40%=16 g

脂肪摄入量=52.39×40%=20.956 g

碳水化合物摄入量=136.82×40%=54.728 g

4. 设计一日食谱

采用食物交换份法，运用营养配餐软件对本托班幼儿进行配餐，见表6-18。

表6-18 托班幼儿一日食谱

餐　次	名　　称	食　物　及　量
早　餐	西湖牛肉羹	牛肉5g　香菇5g　稻米(均值)10g 豆腐(南)[南豆腐]5g　菠菜[赤根菜]15g
	黑芝麻葱油花卷	金针菜[黄花菜]5g　豆油2g 小麦粉(标准粉)20g　芝麻(黑)3g 大葱2g　豆油2g
早　点	鲜牛奶	牛乳(伊利牌)150g　绵白糖5g
	饼　干	儿童营养饼干20g
午　餐	米　饭	稻米(均值)45g
	草菇丝瓜炒虾球	草菇15g　丝瓜50g　虾仁(红)30g 胡萝卜10g　核桃仁5g　豆油5g

（续表）

餐 次	名 称	食 物 及 量
午 餐	素炒西葫芦	西葫芦65g 豆油5g
	虾皮紫菜鸡蛋汤	鸡蛋(红皮)15g 紫菜(干)2g 虾皮2g 芝麻油[香油]0.2g
午 点	金河杯装酸奶	酸奶100g
	圣女果	番茄[西红柿]120g
晚 餐	肉 龙	小麦粉(标准粉)45g 牛肉(肥瘦)(均值)15g 豆油5g 香菇[香蕈,冬菇]2g 姜[黄姜]1g
	素什锦	胡萝卜(红)15g 木耳(水发)5g 黄瓜20g 豆腐干15g 莴笋[莴苣]40g 核桃仁5g 豆油5g
	牛骨冬瓜汤	棒骨5g 冬瓜10g 香菜1g 菠菜15g

5. 食谱营养分析计算

利用营养食谱编制软件,把以上实物质量和营养素的含量进行计算加合,结果见表6-19和表6-20。

表6-19 食谱营养素分析评价表

	热量 kcal	蛋白质	脂肪	碳水化 合物	维生素 A	维生素 B₁	维生素 B₂	维生素 C	胡萝卜 素	钙	铁	锌
供给量	1 158.17	39.95	36.23	142.6	53.10	0.47	0.72	45.66	2 665.09	523.60	17.25	7.14
RNI	1 178.788	40		0	400	0.6	0.6	60	3 000	600	12	9
RNI%	98.25	99.88		0	13.28	78.3	120	76.1	88.84	87.27	143.75	79.3

表6-20 餐次能量比例和宏量营养素供能比分析

餐 别	能 量（kcal）	蛋白质（g）	脂 肪（g）	碳水化合物（g）
早餐、早点	372.01	12.3	13.24	51.01
午餐、午点	441.5	14.85	18.37	54.31
晚餐	344.67	12.8	15.01	37.28
合计	1 158.17	39.95	46.62	142.6
餐 别	能 量（%）	蛋白质（%）	脂 肪（%）	碳水化合物（%）
早餐、早点	32.12	30.79	28.4	35.77
午餐、午点	38.12	37.17	39.4	38.09
晚餐	29.76	32.04	32.2	26.86
功能比	100	13.80	36.23	49.97

6. 食谱的评价与调整

因托所属于日托集体性就餐环境,在幼儿园中,幼儿的各营养素达到推荐摄入量的75%～85%即为标准。则通过上表得出本食谱各营养素基本符合供应要求。铁摄入量过多但未超出最高可耐受计量。三大营养素构成比:蛋白质:脂肪:碳水化合物=1 : 2 : 3.6。

资料链接

不同年龄儿童各类食物的每日参考摄入量

食物种类	1～3岁	3～6岁
谷 类	100 g～150 g	180 g～260 g
蔬菜类	150 g～200 g	200 g～250 g
水果类	150 g～200 g	150 g～300 g
鱼虾类		40 g～50 g
禽畜肉类	100 g	30 g～40 g
蛋 类		60 g
液态奶	350～500 ml	300～400 ml
大豆及豆制品	—	25 g
烹调油	20 g～25 g	25 g～30 g

第四节 食谱的评价与调整

一、食谱评价的内容

食谱初步完成之后,应当对其营养平衡状况进行评价,如有不妥之处,应调整食物的种类和数量,直至达到要求。可从以下六点进行定量、定性评价和调整:

① 食谱中所含五大类食物是否齐全,是否做到了食物种类多样化;

② 各类食物的量是否充足;

③ 全天能量和营养素摄入量是否适宜;

④ 三餐能量摄入分配是否合理,早餐是否保证能量和蛋白质的供应;

⑤ 优质蛋白质占总蛋白质的比例是否恰当;

⑥ 三种产能营养素的供能比例是否适宜。

二、食谱评价的过程

① 首先按类别将食物归类排序,并列出每种食物的数量。

② 从食物成分表中查出每100 g食物所含营养素的量,算出每种食物所含营养素的量。将所用食物中的各种营养素分别累计相加,计算出一日食谱中三种能量营养素及其他营养素的量。

③ 根据蛋白质、脂肪、碳水化合物的能量折算系数,分别计算出蛋白质、脂肪、碳水化合物三种营养素提供的能量及占总能量的比例。

④ 计算出动物性及豆类蛋白质占总蛋白质的比例。

⑤ 计算三餐提供能量的比例。

⑥ 将计算结果与中国居民膳食营养参考摄入量中同年龄、同性别人群的水平比较,进行评价。

三、食谱的评价与调整

核算该食谱提供的能量和各种营养素的含量,与中国居民膳食营养素参考摄入量进行比较,摄入量应占供给量标准的90%以上。低于标准80%为供给不足,低于60%则认为是缺乏,会对身体造成严重影响。要增减或更换食品的种类或数量。与RNI或AI相差10%上下,可以认为合乎要求。

① 若低于EAR,认为该个体该种营养素处于缺乏状态,应该补充。

② 若达到或超过RNI,认为该个体该种营养素摄入量充足。

③ 若介于EAR或RNI之间,为安全起见,建议进行补充。

④ 另外,注意超过UL的营养素并进行调整和减少。

资料链接

电脑程序设计食谱与手工计算配餐

人们开发的很多营养配餐软件,依据数据库的帮助,可以快速地进行食物营养成分的计算,既方便又快捷。也可以称作傻瓜配餐软件。这类软件多适用于非专业营养膳食配餐人员。然而,在用软件进行计算时,人们很难知道某一种食物对于某些营养素供应的意义,找不到改进的方向,难以培养出配餐的经验和感觉。

手工计算配餐是最可靠也是最繁琐的配餐方式。这种配餐方式可以更准确地了解所配食谱的营养素供应意义,同时也更好更方便地供人们进行调配改进。配餐者可以设计出创新的菜肴和吃法,可以在设计个性化食谱时帮你确定所有的参数。可是其繁琐性让非专业配餐人员很难挋顺。

建议专门学习配餐的人可以最初以手工计算配餐为主锻炼,在熟练掌握之后,再用软件帮助,以获得更高的工作效率。

【思考题】

1. 用计算法设计食谱时,基本流程是什么? 为什么要从三大营养素的供能比例入手?

2. 婴幼儿食谱制定的基本原则有哪些?

3. 婴儿每日食物推荐是什么?

4. 为什么要先确定主食的量,再计算其他?

5. 幼儿园幼儿食谱制定与家庭幼儿食谱制定的区别?

第 七 章

婴幼儿营养餐的烹饪要求

- 了解常见烹饪方法对营养素的影响
- 掌握减少营养素破坏和损失的常用措施

第一节　烹饪方法对营养素的影响

烹饪是保证膳食质量和营养水平的重要环节之一。在烹饪时,应尽量设法保持食物中原有的营养素,以免被破坏或损失。要做到这一点,就要了解各种烹饪方法对营养素的影响。烹饪方法是指将经过初加工和切配成形的原料,通过加热和调味,制成不同风味菜肴的操作方法。常见的烹饪方法有煮、蒸、煨、腌、卤、炸、烤、熏、炒等。

一、煮

煮对碳水化合物及蛋白质起部分水解作用,对脂肪影响不大,但会使水溶性维生素(如维生素 B_1 等)及矿物质(如钙、磷等)溶于水中。

二、蒸

蒸对营养素的影响和煮相似,可较完整地保持原料的原汁原味和大部分营养。

三、煨

煨是用微火慢慢使原料至熟的烹饪方法,可使水溶性维生素和矿物质溶于汤内,只有一部分维生素遭到破坏。

四、腌

腌的时间长短同营养素损失大小成正比。时间越长,B族维生素和维生素C损失越大;反之则小。

五、卤

卤是指将原料放入事先调好的卤汁中,用微火慢慢烹制酥烂的烹饪方法,能使食品中的维生素和部分矿物质溶于卤汁中,会有部分营养素遭到损失。

六、炸

炸由于油温较高,对一切营养素都有不同程度的破坏。蛋白质因高温而严重变性,脂肪也会因此产生过氧化物而失去部分功用。因此,对于婴幼儿应少吃油炸食品。

七、烤

烤不但使维生素A、B族维生素、维生素C受到相当大的损失,而且也使脂肪受到损失。如用明火直接烤,还会使食物产生致癌物质苯并芘。

八、熏

熏会使维生素(特别是维生素C)受到破坏及使部分脂肪损失,同时还存在致癌物质。

九、炒

炒可使维生素受热破坏,其损失率与炒的时间成正比,而旺火快炒维生素的损失比较小;滑炒因食物外面裹有蛋清或湿淀粉,形成保护薄膜,对营养素损失也不大。

第二节　减少营养素破坏与损失的措施

食物在烹饪时营养素遭到损失,是不可能完全避免的,但如果采取一些保护性措施,则能使菜肴保存更多的营养素,在烹饪时应该采取以下措施。

一、合理的初加工

烹饪原料的初加工是一个复杂的过程,同时也是精细的技艺。例如,原料的清洗,既要保持原料的洁净程度,又不能造成浪费;鸡鸭鱼的出骨处理,技术性要求高,既要清出所有骨骼,且骨上不带肉,又要使原料出骨后保持原有的形态;禽肉去腥;鱼虾去鳞去内脏等;蔬菜水果类削剔整理或去皮;干货的涨发有水发、油发、盐发和火发等,不同的品种有不同的涨发方法,若涨发稍有不当,不但造成原料的浪费,而且影响菜肴的质量,比如:木耳、银耳的泡发时为去掉泥沙、杂质,可选用米汤或在水中加些淀粉,香菇泡发在热水里加入少许白砂糖,这样可以加快水分渗透香菇的速度,而粉丝、粉条用冷水泡发最好;淘洗能使大米中的B族维生素损失,搓洗次数越多,淘米前后浸泡时间越长,水温越高,营养素损失越多。

另外,蔬菜水果容易被农药污染和发生腐烂变质,一定要挑选新鲜、优质的蔬菜水果。水果应削皮吃,蔬菜要洗干净。蔬菜水果储存时间不宜过长。发芽的土豆、新鲜的黄花菜不能食用,以免发生中毒。

二、科学切配

刀工是根据烹饪菜肴的需要,将原料加工成为一定形状的技术操作过程。只有经过刀工处理使其大小、厚薄、长短的形状符合所烹饪菜肴的要求和幼儿身心发育的特点,才能经过配菜而进入烹调阶段。考虑到幼儿的胃容量小,消化能力弱,牙齿发育不成熟、不坚固等特点,切配时应做到小而薄、颜色鲜艳而对比度大。切、洗、淘对食物营养素也会产生影响,比如:蔬菜先切后洗,菜中的维生素会通过刀口溶于水中而丧失;切后放置太久,维生素C会被氧化,温度越高,放置越久,破坏越多。

三、沸水焯水

烹饪动物性食物时,需要焯水。在焯水时注意旺火沸水,水量要大,这样动物性原料投入后因骤然受热,外层蛋白质凝固,就可减少营养素的流失,同时可去掉部分腥臊异味和血污,使菜肴味道可口、鲜美。

四、上浆、挂糊和勾芡

上浆挂糊是指先用淀粉或蛋液调成的糊在原料商形成一层薄壳,相当于一个保护层,这样不但可以使原料中的水分和营养素不会大量溢出,减少损失,而且可以避免因高温引起的蛋白质变性、维生素损失。

勾芡能使汤汁浓稠,与汤料充分混合。除了可以减少营养素损失外,也可以起到一定的保护维生素C的作用,勾芡还能提高菜肴感官性状,有利于提高幼儿的食欲。

五、适当加醋、适时加盐

由于维生素具有怕碱不怕酸的特性,因此可以在菜肴中放点醋以减少维生素损失和改善口感,烹调动物性食物时,醋还能使原料中的钙溶解得多一些。盐则不能放得太早,且少放,这样食物会更加"水灵",盐也只留在食物的表面,从而更好控制了盐的摄入量。

六、酵母发酵

在制作面食时需要让面粉发酵。发酵的方法有很多种,如小苏打发酵、老面发酵、酵母发酵等,但前两种方法都各有弊端,小苏打会严重破坏面粉中的B族维生素,老面发酵会使面团产生酸味,只有酵母发酵,不仅让面食味道好,还提高了它的营养价值。发酵后的酵母还是一种很强的抗氧化物,可以保护肝脏,有一定的解毒作用。酵母里的硒、铬等矿物质有抗肿瘤、预防动脉硬化的功效,并能提高人体的免疫力。发酵后,面粉里含有的植酸可被分解,会影响钙、镁、铁等元素的吸收,从而提高人体对这些营养物质的吸收和利用。

七、旺火急炒

旺火急炒,可缩短菜肴的加热时间,降低原料中营养素的损失率。不过,要注意有些蔬菜如四季豆,就要煮熟煮烂至原有的生绿色消失以防止其中的皂苷和植物血凝素而引起中毒。

八、现做现吃

现做现吃可减少原料尤其是蔬菜放置过程中营养素的氧化损失,放置时间越久,食物的营养素尤其是水溶性维生素损失越大。

【思考题】

1. 常见的烹饪方法有哪些,以及其对营养素有何损失？请简要叙述。
2. 请结合婴幼儿配套的实例说明在烹调中减少营养素的损失的方法有哪些?

第 **八** 章

婴幼儿常见疾病的食谱设计

- 了解婴幼儿的常见疾病及特征
- 掌握婴幼儿常见疾病的预防、调养食谱

感冒、咳嗽、腹泻、肺炎、哮喘、便秘、暑热、佝偻病、贫血等是婴幼儿时期常见的疾病,俗话说"是药三分毒""药补不如食补"。对婴幼儿来讲,如能在日常生活中辅以食疗也许能起到意想不到的效果。

第一节 感 冒

感冒是由病毒引起的常见病。气候突变,小儿受凉、受热,空气污浊,过于疲倦,贪食油腻厚味等,都可使抵抗力下降,易患感冒。根据中医的说法,一般分为风寒型感冒和风热型感冒:风寒型感冒指婴幼儿处在忽冷忽热环境着凉后引发感冒;而风热型感冒是指处在过热的环境中引发内热导致的感冒。

● 风寒型感冒食谱

一、姜汁葱花炒鸡蛋

食材: 鸡蛋1个、生姜30克、葱白2根。

做法:

(1)把生姜刮皮洗净切块,榨取姜汁;葱白洗净,切片,备用。

(2)把鸡蛋磕入碗中,加入姜汁、葱片、盐少许搅匀起油锅,倒入鸡蛋液翻转至刚熟即可。

作用：本品有发散风寒，芳香开胃之功效。葱白味辛性湿，有发汗解表、散寒通阳的功效。

二、生姜葱根萝卜水

食材：生姜 10 克、葱根 10 克、萝卜 50 克、大枣 10 克、红糖 5 克。

做法：将所有食材清洗干净后放入适量水中（600 毫升左右），煮 15 分钟后即可。

作用：生姜含有辛辣和芳香的成分，具有促进血液循环作用，食用后使血管扩张、毛孔张开，排出多余的热量和毒素等；葱根可以宣通鼻窍、祛风散寒；萝卜含有芥子油，具有理气化痰、消食化积的作用。

● 风热型感冒食谱

一、薄荷冬瓜粥

食材：薄荷 10 克、冬瓜 50 克、糯米 50 克、冰糖适量。

做法：先将薄荷煎药汁备用，将冬瓜切小碎粒备用，糯米洗净后熬煮至破裂，放入冬瓜和冰糖，熬至软烂后放入薄荷汁即可。

作用：薄荷具有辛凉发散解热的作用；冬瓜具有利尿化湿、清热解毒的作用；糯米含有糖类、蛋白质、脂肪、维生素 B_1、维生素 B_2、烟酸、钙、磷、铁等营养素，口感黏糯，可增强幼儿食欲。

二、白菜绿豆饮

食材：白菜根 3 个、绿豆 30 克、白糖适量。

做法：

（1）将绿豆洗净，白菜根洗净，切成片备用。

（2）将绿豆放入锅中加适量水，用中火煮至半熟，加入白菜根，同煮，食用时加糖调味即可。

作用：绿豆对葡萄球菌以及某些病毒有抑制作用，本品可清热解毒、生津除烦，适宜于婴幼儿风热感冒、发热口渴。

第二节　咳　　嗽

咳嗽是一种防御性反射。由于婴幼儿呼吸道血管丰富，气管、支气管黏膜娇嫩，易发生炎症，故咳嗽是婴幼儿时期常见的疾病之一。

一、川贝炖雪梨

食材：川贝母（去心）6克、雪梨1个、冰糖适量。

做法：

（1）梨切去蒂部，挖出雪梨心。

（2）把梨的底部放在碗中、把一部分川贝粉放在梨芯底部、用冰糖把梨芯填满，冰糖上再撒上一些川贝母。

（3）把梨另一半盖上，用牙签固定好，放入锅中隔水蒸30分钟即可。

作用：滋阴润肺，化痰止咳。适用于肺热咳嗽，痰黄稠黏，不易咳出。

二、盐蒸橙子

食材：橙子1个、盐适量。

做法：

（1）将橙子洗干净后放在盐水中浸泡20分钟，去除橙子表面的果蜡。

（2）将橙子割去顶，撒少许盐在橙肉上，再用筷子在果肉上戳几下，以便于盐渗进果肉。

（3）把切开的那片橙子重新盖好，放进碗里隔水蒸至水沸后再蒸15分钟即可。

（4）取出后去皮，取果肉连同蒸出来的水一起吃。

作用：橙皮里有两种成分具有止咳化痰的功效，一个是那可汀，一个是橙皮油。这两种成分，只有在蒸煮之后才会从橙皮中分离出来。尤其适合久咳不愈的小孩子，完全没有副作用。

第三节　腹　　泻

婴幼儿常见的腹泻可分为三种：细菌性腹泻、病毒感染性腹泻和消化不良性腹泻。细菌性腹泻和病毒感染性腹泻的食疗重点是预防脱水和长时间腹泻导致幼儿生长发育不良等问题，所以需要根据幼儿的情况，及时供给水分和各种营养素。

一、扁豆薏仁山药粥

食材：扁豆20克、薏仁30克、山药80克。

做法：扁豆炒至微微变黄后与薏仁同煮，煮至八成熟时放入山药，软烂后即可食用。

作用：炒扁豆具有健脾化湿止泻的作用；薏仁具有健脾祛湿、除痹止泻的作用；山药具有补脾养胃的功效。另外，山药中淀

粉含量较高,可提供能量,并且此粥富含维生素 B_1、B_2 等 B 族维生素,它们是多种消化酶的辅酶,是婴幼儿胃肠消化功能恢复所不可缺少的营养素。

二、胡萝卜泥

食材:胡萝卜半根(约100克)。

做法:

(1)把胡萝卜洗净,去除根须。

(2)放入蒸锅内上火蒸熟蒸烂,取出捣烂成泥糊状即可。

作用:胡萝卜味甘性平,有健脾助消化、收敛和吸附作用,对婴幼儿腹泻有一定的食疗作用。

第四节 肺 炎

肺炎是婴幼儿最常见的呼吸道疾病,3岁以内的婴幼儿在冬春季节患肺炎较多,由细菌和病毒引起的肺炎最为多见。临床表现轻重不等,有发热、拒食、烦躁、喘憋等症状,早期体温为38℃~39℃,亦可高达40℃。除呼吸道症状外,患儿可伴有精神萎靡,烦躁不安,食欲不振,哮嗽,腹泻等全身症状。小婴儿常见拒食、呛奶、呕吐及呼吸困难。

一、银耳雪梨冰糖水

食材:银耳1朵、雪梨1个、冰糖15克。

做法:

(1)将雪梨洗净,去皮,去核,切成块状;银耳用开水泡发后洗净,去除杂质备用。

(2)将雪梨银耳一起放砂锅内,用小火煮汤,汤成后加入冰糖煮化即可。

作用:银耳是一种重要的保健食品,含有17种氨基酸及酸性异多糖、有机磷、有机铁等化合物,对人体十分有益。本品具有养阴清热、润肺止咳的功能。

二、党参百合粥

食材:党参10克、百合20克、粳米100克、冰糖少许。

做法:

(1)先取党参浓煎取汁。

(2)将百合、粳米同煮成粥。

（3）调入药汁,加入冰糖调匀。

作用：本品可补脾益气、润肺止咳,适用于肺炎的辅助食疗。

三、空心菜萝卜汁

食材：空心菜、白萝卜各100克、蜂蜜适量。

做法：将空心菜、白萝卜一同捣烂,取汁1杯,加蜂蜜调味饮用即可。

作用：空心菜含有丰富的维生素C和胡萝卜素,其维生素含量高于大白菜,这些物质有助于增强体质、防病抗病。本品可润肺平喘,适宜于肺热咳嗽、发热有汗、口干欲饮,伴有喘息的患儿。

第五节 哮 喘

哮喘是一种表现反复发作性咳嗽,喘鸣和呼吸困难,是一种严重危害儿童身体健康的常见慢性呼吸道疾病,其发病率高,常表现为反复发作的慢性病程,严重影响了患儿的学习、生活及活动。

一、蒸南瓜

食材：南瓜1个,冰糖、蜂蜜各适量。

做法：

（1）将南瓜洗净,在瓜顶上开口,挖去一部分瓤备用。

（2）将蜂蜜、冰糖放入南瓜内,盖好,放入小盆内,蒸1小时后取出即可。

作用：本品可补中益气、润肺止咳,适宜于脾虚哮喘患儿食用。

二、红枣白果

食材：红枣、白果各3枚。

做法：将红枣、白果一起放入小锅中,加上大半碗水,中火烧沸10分钟即可。

作用：本品适宜于2岁以上的幼儿食用,每晚临睡前服用。红枣性温、益气补气,健脾胃；白果性平,敛肺气、定咳喘,对一些久咳不愈、反复感冒、咳嗽的患儿很有效果。

第六节　便　　秘

便秘分为器质性便秘和功能性便秘两种,婴幼儿常见的便秘一般是功能性的。排除疾病及药物影响,主要有三种情况:(1)膳食纤维摄入不足;(2)食量过小,摄入不足;(3)饮水量不足。

一、杏仁芝麻粥

食材:杏仁10克、黑芝麻20克、大米50克、冰糖适量。

做法:

(1)将黑芝麻、大米、杏仁洗净,泡在水里,浸胀后捞出备用。

(2)将上述材料一起放入碗内捣烂成糊,放入砂锅,加适量水煮开,改用小火煨烂成粥,加入冰糖,煮开后,调匀即可。

作用:本品对气血亏虚引起的便秘疗效显著。黑芝麻甘平,能滋养肝肾、润燥滑肠;杏仁能止咳、平喘、润肠、通便。

二、自制酸奶

食材:婴幼儿奶粉500毫升、发酵菌1袋。

做法:将发酵菌种与奶粉混合,搅拌均匀,放入酸奶机中发酵8～10小时,凝成半固体状即拿出,入冰箱钝化后口感更佳。

作用:润肠通便,开胃健脾,促进消化,适合各个季节幼儿食用。

三、香蕉冰糖粥

食材:香蕉3根、糯米100克、冰糖适量。

做法:

(1)将糯米淘洗净;香蕉去皮、切断,备用。

(2)将香蕉与糯米一起加适量水煮成稀粥,再加入冰糖化开即可。

作用:香蕉性寒能清肠热,味甘能润肠通便,婴幼儿经常食用,可起到改善便秘的作用。

第七节 暑 热

暑热症出现于盛夏季节,由于婴幼儿中枢神经系统发育不全,汗腺功能不足,出汗少,不易散热,因此在酷热天气体温调节失效而引起本病。主要表现有长期发热、口渴、多尿、少汗或无汗等症状。

一、薏米绿豆粥

食材:绿豆、薏米各30克,藿香5克,大米100克。

做法:

(1)薏米、绿豆、大米洗净备用。

(2)将绿豆、薏米、大米加清水共煮为稀粥。

(3)将藿香单煎,取少许药汁,粥煮熟后加入调匀,再稍煮片刻即可。

作用:炎炎夏日,绿豆经常用作消暑材料,有"济世之粮谷"的美誉,本品可消暑化湿,适宜于暑湿症,发热烦渴、出汗较多等。

二、荷叶粥

食材:荷叶1张、大米100克、白糖适量。

做法:

(1)将荷叶洗净煎汤,去渣留汁备用。

(2)将荷叶汁与大米同煮粥,粥熟后加适量白糖,调匀即可。

作用:本品有解暑热、散瘀的功效,适宜于夏季感受暑热、头昏脑涨、胸闷烦渴的幼儿食用。

三、消暑茶

食材:鲜荷叶、苦瓜叶、丝瓜叶各适量。

做法:

(1)取鲜荷叶、苦瓜叶、丝瓜叶各适量。洗净后,撕成小片备用。

(2)将鲜荷叶、苦瓜叶、丝瓜叶加适量水,煎沸取汤即可。

作用:本品可解热祛暑。有解暑热、散瘀的功效,适宜于夏季感受暑热、头昏脑涨、胸闷烦渴的幼儿食用。

第八节　贫　血

　　贫血是指人体外周血红细胞容量减少,低于正常范围下限的一种常见症状,Hb < 110 g/L就可能提示贫血了。常见的类型有再生障碍性贫血、巨幼红细胞性贫血和缺铁性贫血,对婴幼儿来讲,以缺铁性贫血最为常见。

一、肝末鸡蛋羹

食材:鸡肝50克、鸡蛋1个、盐适量。

做法:

(1)将鸡肝去筋,煮熟,切末。

(2)放入调散的鸡蛋中,加少量盐,煮成蛋羹。

作用:此羹富含蛋白质、铁、维生素A等,满足婴幼儿对铁的需要,可防治贫血。

二、鸭血豆腐汤

食材:鸭血、豆腐、木耳、小白菜适量,鸡蛋1个,少量鸡汤,香油和葱花少许。

做法:

(1)将鸭血、豆腐切成细条,木耳、瘦肉、小白菜切成细丝。

(2)鸡汤烧开加入所有原料,中火煮15分钟,然后淋上鸡蛋液,加点香油和葱花。

作用:鸭血、木耳皆含有丰富的铁、蛋白质等,适合内热体质的幼儿补血。

【思考题】

1. 婴幼儿咳嗽可以怎样在饮食上进行调养?

2. 你知道哪些膳食可以治疗婴幼儿风寒型感冒?

3. 贫血可以分为哪几种?如何从饮食上预防婴幼儿贫血?

第 九 章
婴幼儿常见营养问题及其处理

- 掌握婴幼儿常见营养性疾病的病因、症状和预防
- 初步学会为患营养性疾病的幼儿进行营养指导
- 了解婴幼儿常见营养性疾病的治疗

第一节　营养不良症

● 案例 ●

小儿轻度营养不良

患者　周某　男　5岁　湖北十堰人

厌食、消瘦、多动2年

患儿两年来，食欲减退，喜好零食，以辣条、干脆面等辛香甜辣味居多，每日正餐食疗较少，无饥饿感，服用消食片、化积口服液等无数，未能改善食欲，服中药则依从性差，难以下咽。平素好动，手心脚心发热，晚上入睡浅，喜欢翻动，身体消瘦，体重明显低于同年儿童。

营养不良是一种很常见的病症，有许多小孩子经常会有这种情况，尤其是3岁以下的婴幼儿。婴幼儿的生长发育十分迅速，需要吸收大量的各种营养素，满足其生长发育的需要，但婴幼儿的消化功能尚未成熟，故易发生消化紊乱和营养缺乏性的疾病。从世界范围来看，营养不良是引起儿童死亡和健康状况差的首要原因之一。

（一）病因

1. 喂养不当

长期摄食各种或某一种营养不足，如母乳不足又未能适当添加辅食。配方乳的质和量未能满足需要，如乳类稀释过度，或用米粉代替奶粉喂哺。断奶过早，婴儿不能适应新的食品等。

2. 饮食习惯不良

饮食不定时、偏食、反刍习惯或神经呕吐等。

3. 疾病因素

疾病影响食欲，妨碍食物的消化、吸收和利用，并增加机体的消耗。易引起营养不良的常见疾病有慢性肠炎或痢疾、迁延性婴儿腹泻、各种酶缺乏所致的吸收不良综合征、肠寄生虫病、结核病、麻疹、反复呼吸道感染、慢性尿路感染等。某些消化道先天畸形（如唇裂、腭裂、先天性肥大性幽门狭窄或贲门松弛等）和严重的先天性心脏病均可致喂养困难。

较常见是轻度的营养不良，主要原因是喂养不当、膳食不合理和慢性疾病引起。

●案例●

福建省政和县杨源乡茶林村，2岁多的女孩小灵，妈妈在她8个月大的时候和家人大吵一架，再也没有回来。爸爸在外打工，每年只能回来一次，小灵同爷爷奶奶生活在一起。爷爷奶奶很疼小灵，经常在村里的小卖部买些零食回来喂她，但小灵的身体并不好，感冒发烧成了经常的事。小灵的身高体重都远低于这个年纪的中间值，属于典型的蛋白质—热能营养不良。在贫困地区很多6岁儿童只有城里2岁孩子那么高。由于母亲外出打工，平均每4个小婴儿才有一次能吃上母乳。母乳喂养率低于全球和全国水平。1～2岁的婴幼儿，需要均衡丰富的日常营养摄入，肉类、蔬菜、谷物等在孩子们的餐桌上并不常见，有些地方经常出现拿自家鸡蛋去换没有蛋白质、热能的膨化食品给孩子吃的事情。

重度营养不良大多由于多种因素所致。其中蛋白质—热能营养不良是最严重的一种营养不良，常见于婴幼儿，严重时可影响生长发育及智力发育，病儿由于抵抗力低下，易受感染，死亡率高。

原发性蛋白质—热能营养不良是由于长期蛋白质、热能摄入不足，原因主要是缺乏喂养知识，喂食过少，不添加辅助食品，母乳不足，早产儿先天不足。

继发性蛋白质—热能营养不良，多由于慢性胃炎、肠炎、消化不良、腹泻等原因使营养素消化吸收不好；或长期患有妨碍进食或食欲不振的疾病；或由于长期发烧、慢性消耗性疾病而营养素未能及时补充等。

（二）临床症状和体征

1. 消瘦型营养不良

1岁以内婴儿比较常见，早期表现是体重不增长，之后，体重逐渐下降。患儿表现为消瘦，皮下脂肪逐渐减少以至消失，皮肤干燥、苍白、面部皮肤皱缩松弛、头发干燥易脱落、四肢可有挛缩。皮下脂肪层消耗的顺序首先是腹部，其次为躯干、臀部、四肢，最后为面颊。

皮下脂肪层厚度是判断营养不良程度的重要指标之一。营养不良患者会随着病情加重，骨骼生长减慢，身高低于正常。

轻度营养不良时精神状态正常，重度可有精神萎靡，反应差，体温偏低，食欲差，腹泻、便秘交替。皮肤凹陷性浮肿、皮肤发亮，严重时可能破溃、再感染形成慢性溃疡。重度营养不良甚至会有重要脏器功能损害。

2. 水肿型营养不良

蛋白质严重缺乏所致水肿型营养不良，又称恶性营养不良病，可见于1～3岁幼儿。由于水肿，不能以体重来评估其营养状况。水肿表现为足背的轻微凹陷直至全身，有的毛发稀疏，易脱落。

3. 消瘦—水肿型营养不良

介于上述二型之间。这种病儿常同时伴有其他营养素缺乏，如维生素A、B等缺乏，所以症状可能十分复杂。因免疫力低下，也极易并发各种感染，如肺炎、肠炎等往往非常严重，特别是重度营养不良，因全身衰竭，有时一个翻身即可引起死亡。

（三）防治措施

预防营养不良的主要方法是普及科学育儿知识，强调平衡饮食、合理喂养的重要性。保证餐桌食物品种多样，感官形状好，能引起孩子食欲。特别要注意的是不要单纯用淀粉类如米糊、饼干等喂养孩子，因其缺乏蛋白质和脂肪，而食品中糖多而蛋白质少的如麦乳精、炼乳或含乳饮料等也不适合喂哺孩子。应尽可能选择高蛋白高热能的食物，如乳制品（牛奶）和动物蛋白质（蛋、鱼、肉、禽）和豆类（包括豆制品）及新鲜蔬菜、水果等。

第二节　营养缺乏性疾病

一、缺铁性贫血

● 案例 ●

10个月大的小欣欣在医院查出缺铁性贫血，父母百思不得其解，孩子一直母乳喂养，母乳也很多，宝宝每天吃得饱饱的，自然不需要再吃别的辅食了。怎么这么小会缺铁呢？应该给孩子添加什么样的食物呢？

（一）病因

缺铁性贫血是由于体内储存铁缺乏致使血红蛋白合成减少而引起的一种低色素小细胞贫血。在红细胞的产生受到限制之前，体内的铁贮存已耗尽，此时称为缺铁。

（二）临床症状和体征

缺铁的特殊表现有口角炎、舌乳突萎缩、舌炎，严重的缺铁可有匙状指甲（反甲），食欲减退、恶心及便秘。缺铁在儿童中常表现为儿童生长发育迟缓或行为异常，如烦躁、易怒、上课注意力不集中及学习成绩下降。有些患者甚至有异食癖，表现为常控制不住地进食某一种特殊的"食物"，如冰块、黏土、淀粉等。铁剂治疗后可消失。体征除皮肤黏膜苍白、毛发干枯、口唇角化、指甲扁平、失光泽、易碎裂，约18%的患者有反甲。铁摄入量不足是导致缺铁性贫血的主要原因，如果孩子食物中的含铁量低于4 mg/1 000 kcal，即有可能导致缺铁。而孩子生长快又需要更多的铁，如不及时给孩子补充就会缺铁。有些疾病也会导致铁的丢失过多。

（三）防治措施

研究发现，边缘铁缺乏即可影响孩子的智力发育，及时补充也难以挽回损失。因此，要及时添加含铁丰富且铁吸收好的食物，如猪肝、蛋黄等。每100 g猪肝含铁25 mg，而且较易被人体吸收，是预防缺铁性贫血的首选食品。每100 g鸡蛋黄含铁7 mg，尽管铁吸收率只有3%，但鸡蛋原料易得，食用保存方便，而且还富含其他营养。还有黄豆及其制品、芝麻酱等补铁食物。另外，饭前吃一个西红柿或饮一杯橙汁，能成倍增加对铁的吸收，而饭前饭后喝茶，则会大大抑制人体对铁的吸收，因为茶叶中的鞣酸会与铁结合。同时注意食物合理搭配。严重时给予铁剂补充。

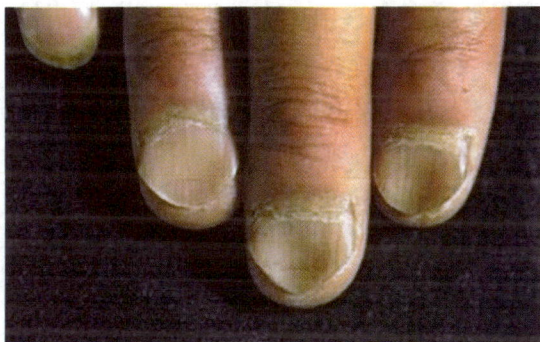

图9-1　缺铁症状之一：反甲

资料链接

儿童营养性缺铁性贫血的判断标准

世界卫生组织的标准：

1. 新生儿，血红蛋白低于14.5克，就属于贫血；

2. 6个月～6岁的孩子，血红蛋白低于11克，就属于贫血；

3. 6岁～14岁的孩子，血红蛋白低于12克，就属于贫血。

二、维生素D缺乏性佝偻病

●案例●

　　住在东北的健健在8个月的时候,开始出现食欲不振、盗汗、夜惊多啼、发稀、枕秃等症状,11个月开始出牙,14个月才能行走。刚能走路的小博看起来体形消瘦、易烦躁。小博的父母这时才意识到孩子的健康可能出问题了。

　　据了解,健健出生在十月,生后至今一直母乳喂养,7个多月的时候添加了米糊等淀粉类食物,未添加蛋黄及鱼肝油等。

（一）病因

维生素D缺乏性佝偻病,是一种小儿常见病,因体内维生素D不足引起全身性钙、磷代谢失常以致钙盐不能正常沉着在骨骼的生长部分,最终发生骨骼畸形。佝偻病虽然很少直接危及生命,但因发病缓慢,易被忽视,一旦发生明显症状时,机体的抵抗力低下,易并发其他疾病。

（二）临床症状和体征

本病患儿比较常见的症状主要有多汗、夜惊、好哭等。多汗与气候无关,由于汗液刺激,患儿经常摩擦枕部,形成枕秃或环形脱发。

骨骼表现为颅骨软化,头颅畸形,前囟大,闭合迟,可迟至2～3岁才闭合,有的出牙晚,肋骨患珠,胸廓畸形如鸡胸;漏斗胸。腕、踝部膨大,形成佝偻病特有的"手镯"与"足镯"。下肢畸形呈"O"形腿或"X"形腿。

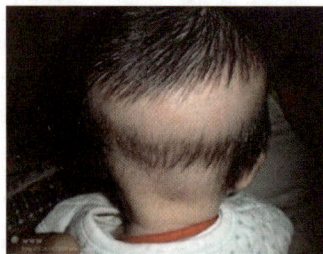
图9-2　枕秃

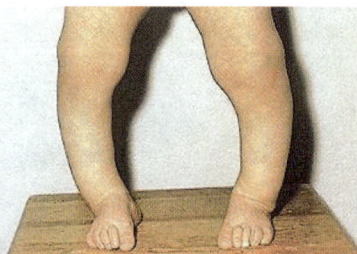
图9-3　"O"形腿

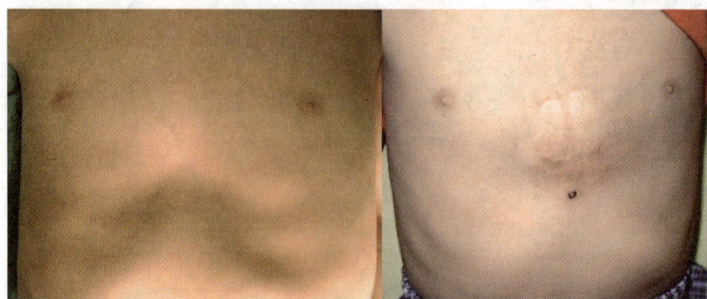
图9-4　鸡胸;漏斗胸

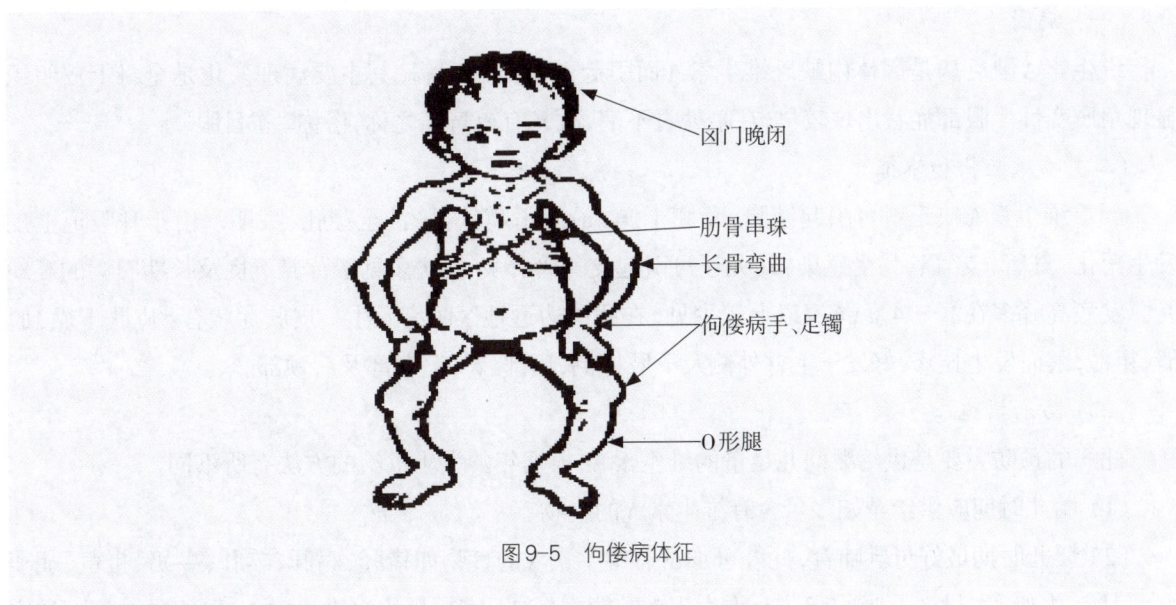

图9-5　佝偻病体征

（三）防治措施

佝偻病的主要预防措施有：

（1）提倡母乳喂养，及时添加富含维生素D和钙的食品，如蛋黄、肝类、鱼类、奶类、豆类、虾皮等。

（2）多晒太阳，最好每日户外活动时间在1～2小时以上。

（3）对体弱儿或在冬春季节户外活动受限制时，可口服维生素D。

资料链接

鱼肝油和维生素D不建议同时服用

有的妈妈担心孩子营养摄入不足，缺钙，于是鱼肝油、维生素D一起上，每天给孩子喂食。其实鱼肝油就是同时补充维生素A和维生素D的，与维生素D同时补充，会造成维生素D过量，导致肾脏损伤等后果。

三、维生素A缺乏病

●案例●

文文最近只要一到晚上光线稍微黯淡一点就看不见东西，而且眼角总是瘙痒。到医院检查后医生说文文患上了小儿维生素A缺乏病。

（一）病因

维生素A缺乏病是因体内缺乏维生素A而引起的全身性疾病，其主要病理变化是全身上皮组织显现角质变性。眼部症状出现较早，在暗处看不清，故又有夜盲症之称，俗称"雀目眼"。

（二）临床症状和体征

严重维生素A缺乏者可引起结膜、角膜干燥，最后角膜软化，甚至穿孔、失明。由于呼吸道上皮发生角化，气管，支气管易受感染，幼儿还可引起支气管肺炎 本病多见于营养不良及长期腹泻的婴幼儿。发病高峰多在1～4岁，6岁以上较少见，在我国边远地区时有发生。皮肤症状有：皮肤干燥，脱屑，粗糙，继而发生丘疹，好发于上臂外侧及下肢伸侧，肩部、臀部、背部及后颈部。

（三）防治措施

此病的预防主要是供给婴幼儿足量的维生素A，根据年龄大小供给的方法有所不同。

（1）胎儿时期应供给孕妇多量含有维生素A的食物。

（2）婴儿时期最好母乳哺育，此外可加富有维生素A的食物如猪肝、鸡肝、羊肝、牛奶、蛋黄、胡萝卜、鱼卵、牛奶等，早产儿吸收脂肪及维生素A的能力较弱，宜早授浓缩维生素A，但切忌过量而致中毒，婴儿时期每日约需维生素A1 500～2000国际单位。

预防维生素A缺乏病不仅可防止夜盲，干眼病，避免致盲，并可使儿童发育正常，各种上皮组织发生感染的机会可减少。

对贫苦边区及盲人多见的地区，宜注意三方面的工作：① 大力宣传维生素A供应与夜盲病的关系；② 做好腹泻和麻疹的防治工作；③ 注意日常维生素A的摄入量。

四、维生素B缺乏症

维生素B族有十二种以上，全是水溶性维生素，在体内滞留的时间只有数小时，必须每天补充。B族是所有人体组织必不可少的营养素，是食物释放能量的关键。B族维生素全是辅酶，参与体内糖、蛋白质和脂肪的代谢，因此被列为一个家族。大家族最经常的成员有B_1、B_2、B_6、B_9（叶酸）、B_{12}（钴胺素）等。

（一）病因

维生素B_1缺乏症多由于长期以精白米为主食，而又缺乏其他副食补充。维生素B_1存在于谷物的表皮和胚芽中，但是带皮和胚芽的谷物不易保存，食物加工时去皮和胚芽导致维生素B_1大量流失，每天摄入量低于0.2 mg时，即可发病。吸收不良或者利用障碍，胃肠及肝胆疾病，或经常服用泻剂均可使维生素B_1缺乏。

其他B族维生素的缺乏主要是因为以下三个原因：（1）摄入不足。包括食物摄入不足，烹调不合理（如淘米过度、蔬菜切碎后浸泡等），食物在加工过程中维生素B_2被破坏。（2）吸收障碍。消化道吸收障碍、嗜酒、药物影响可导致维生素B不足。（3）需要量增加或消耗过多。婴儿生长发育、疾病等情况下，机体维生素需要量增加。

（二）临床症状和体征

维生素B_1缺乏症，会引起脚气病。脚气病是由于缺乏维生素B_1造成的，脚气病分为三种。干性脚气病：食欲不振，烦躁，全身无力，下肢沉重，手脚感觉麻木；肌肉酸痛、无力，婴幼儿还可引起声音嘶哑和失音。湿性脚气病：表现为浮肿，主要是足踝肿大，有的患者整个下肢水肿；同时出现活动后心悸,气短,常可导致心力衰竭。婴儿型脚气病:通常发生在2～5个月的婴儿,表现为食欲不佳,呕吐,呼吸急促,面色苍白,心率快甚至突然死亡。

若缺乏维生素B_2会引起口角炎、皮炎;缺乏维生素B_6会发生痉挛;缺乏维生素B_{12}则产生贫血。孕妇缺乏叶酸会导致胎儿的脊柱裂和无脑畸形;如在怀孕头3个月内缺乏叶酸,可导致胎儿神经管畸形,从而增加裂脑儿、无脑儿的发生率。

（三）防治措施

改良谷物加工方法,调整饮食结构;补充维生素B强化食品,B族维生素的主要食物来源:B_1,糙米、麦麸、小米、豆类、绿豆、花生、牛奶、家禽;B_2,猪肝、鸡肝、瘦肉、蛋黄、酵母、大豆、小米及米糠,菠菜及绿叶蔬菜;B_6,肝、蛋、瘦肉、香蕉、果仁、绿叶蔬菜、糙米;B_9,肝脏、肾脏、禽肉及蛋类、猪肝、鸡肉、牛肉、羊肉等,蘑菇,菠菜、西红柿、胡萝卜、青菜、小白菜、大豆、橘子、香蕉、葡萄、梨、核桃、栗子;B_{12},肝、肾、肉、蛋、鱼、奶。

五、维生素C缺乏症

（一）病因

维生素C缺乏症,也称坏血病,是一种长期缺乏维生素C所引起的周身性疾病,由于维生素C分布比较广泛,因此此病不常见。在缺少青菜、水果的北方牧区;或城、乡对人工喂养儿忽视辅食补充,特别在农村边远地区,仍因喂养不当而致发病。例如,人工喂养婴儿未添加含维生素C的辅食,或乳母饮食缺乏新鲜蔬菜或水果,或乳母习惯只吃腌菜等。婴幼儿坏血病的好发年龄多在3～18个月。

（二）临床症状和体征

常见的症状有:患者发病之前,多有体重减轻,四肢无力,衰弱,肌肉及关节等疼痛症。随之病患者可有全身点状出血,甚至血肿或瘀斑,小儿瘀斑多见于下肢,同时内脏、黏膜也有出血,如鼻出血、血尿、便血等。出血是维生素C缺乏病最特殊和最早的临床体征。

齿龈可见出血,松肿,按压齿龈尖端即可出血,齿龈出血是维生素C缺乏病的主要病症,在婴儿时期,常于齿龈上发生小血袋,稍加压力按压血袋,即可破裂,有时可引起大量流血,但无生命危险。

（三）防治措施

母乳维生素C含量高,是强调人乳喂养的理由之一,孕妇和乳母的饮食应包括维生素C丰富的食物如新鲜蔬菜和水果等。例如,只要每日摄入大白菜和白萝卜各0.5 kg,母乳所含维生素C的浓度即能高达60 mg/L。

新生儿生后2～4周即应补充含维生素C多而且能被新生儿消化的饮食,如新鲜果汁、菜汁等,4～5月时开始喂菜泥,人工喂养的婴儿每天都应补充适量维生素C。患病时维生素C消耗较多,应予以较大剂量。

1. 选择维生素C含量丰富的食物

人类维生素C的主要来源是新鲜蔬菜和水果;在蔬菜储运过程中,维生素C往往有不同程度的破坏。所以,膳食中应有足够的新鲜蔬菜,特别是绿叶蔬菜,再加上经常吃些水果,则更有助于预防维生素C的不足。金樱子和猕猴桃等水果中所含维生素C可比一般柑橘高50～100倍,是维生素C的良好来源。

2. 改善烹调方法,减少维生素C损失

维生素C极易溶于水;对氧很敏感,对碱不稳定,但在酸性条件下则相当稳定,因此,在蔬菜烹调时要先洗后切,切好就炒,尽量缩短在空气中的暴露时间,炒菜不用铜器。在蔬菜烹调过程中强调急火快炒,做汤时强调汤开下菜,能以减少维生素C的损失。

3. 利用野菜、野果及维生素制剂

很多野菜,野果中含有丰富的维生素C,如野苋菜、苜蓿、马兰头、枸杞、马齿苋、芥菜等,维生素C含量可高于普通蔬菜的数倍至10倍;野果中的刺梨、酸枣、石榴、酸柳等,在新鲜蔬菜、水果供应困难的条件下可以选用,维生素C制剂国内已能大批生产,亦可适当利用。

六、锌缺乏症

●案例●

细心的优优母亲发现三岁半的儿子近一段时间食量减少,原来不是要这吃就是要那吃,现在孩子从来没说过饿,除了大人喂饭,很少主动进食。担心吃饭少会影响孩子发育的妈妈带孩子去医院查了微量元素,结果显示孩子体内锌缺乏。

锌是人体重要营养素,锌对体格生长、智力发育和生殖功能影响很大。儿童锌含量的正常值为血浆含锌$80 \sim 110\,\mu g/g$;发锌为$110 \sim 200\,\mu g/g$。而我国儿童锌缺乏较常见,以北京地区为例,学龄前儿童发锌低于$110\,\mu g/g$者占学龄前儿童总数的1/3,发生率相当高。随着我国经济发展,人们生活水平已经有了很大改善,矿质元素中的铁、钙等已经引起了人们的重视,但对于锌缺乏还没有足够的认识。

(一)病因

1. 摄入不足

锌缺乏的主要原因是食物中含锌不足,母乳中的锌比牛乳更容易消化吸收。人工喂养、未及时添加含锌量较高的食物也可导致锌缺乏。

2. 吸收不良

患有消化系统疾病如慢性腹泻等疾病,均可减少锌的吸收。某些食物中含较多的植酸盐或纤维素,可造成锌的吸收不良。当食物中其他二价离子过多,也可影响锌的吸收。

3. 丢失过多

钩虫病、疟疾可引起锌的丢失。外伤、烧伤和手术时,因血锌动员到创伤组织处利用,造成血锌降低。还有大量出汗也会造成锌的丢失过多。

4. 疾病影响

长期感染、发热时的锌需要量增加,同时食欲减退,如不及时补充,则导致锌缺乏。此外,遗传性的吸收障碍性疾病也可引起锌吸收不良。

5. 药物影响

一些药物如长期使用金属螯合剂(如青霉胺、四环素等),可降低锌的吸收率及生物活性,这些金属螯合剂与锌结合从肠道排出体外,造成锌的缺乏。

（二）临床症状和体征

1. 厌食

缺锌后常引起口腔黏膜增生及角化不全,易于脱落,而大量脱落的上皮细胞可以掩盖和阻塞舌乳头中的味蕾小孔,使食物难以接触味蕾,不易引起味觉和引起食欲。此外,缺锌会使含锌酶的活性降低,进一步使食欲减退,摄食量减少。

2. 生长发育落后

缺锌妨碍核酸和蛋白质合成并致纳食减少,影响小儿生长发育。缺锌小儿身高体重常低于正常同龄儿,严重者有侏儒症。国内外报道缺锌小儿补锌后身长体重恢复较快,缺锌可影响小儿智能发育,严重者有精神障碍。

3. 异食癖

缺锌小儿可有喜食泥土、墙皮、纸张、煤渣或其他异物等现象,补锌后症状好转。

4. 易感染

当机体含锌总量下降时,机体免疫功能降低,肠系膜淋巴结、脾脏等与免疫有关的器官减轻20%～40%,引起免疫能力下降,从而降低机体防御能力。所以,锌缺乏的小儿易患各种感染性疾病,如腹泻、肺炎等。实验证明,缺锌使小儿的免疫功能受损,补锌后各项免疫指标均有改善。

5. 皮肤黏膜表现

缺锌严重时可有各种皮疹、复发性口腔溃疡、下肢溃疡长期不愈。皮肤损害的特征多为糜烂性、对称性,常呈急性皮炎,也可表现为过度角化。有部分小儿表现为不规则散乱的脱发,头发呈红色或浅色,锌治疗后头发颜色变深。

6. 伤口愈合缓慢

有资料表明,锌治疗有助于伤口的愈合,可促使烧伤后上皮的修复。缺锌后,DNA和RNA合成量减少,创伤处颗粒组织中的胶原减少,肉芽组织易于破坏,使创伤、瘘管、溃疡、烧伤等愈合困难。

7. 胎儿生长发育落后、多发畸形

严重缺锌孕妇及怀孕动物可致胎儿生长发育落后及各种畸形,包括神经管畸形等。

8. 其他

如精神障碍或思睡,及因维生素A代谢障碍而致血清维生素A降低、暗适应时间延长、夜盲等,严重时会造成角膜炎。

（三）防治措施

母乳中含锌量较高,婴儿母乳喂养对预防锌缺乏性疾病有益。锌在鱼类、肉类、动物肝肾中含量较高。多食用含锌高而且容易吸收的食物,牡蛎、鲱鱼中含量最高且易吸收;奶品及蛋品次之;水果、蔬菜等含量一般较低。在看一种食物中锌的营养时,不仅要看其含量而且要考虑被机体实际利用的可能性。一般食物中的锌吸收率为40%,青少年每天锌更新量为6 mg,所以每天锌需求量为15 mg。因此避免偏食,也可以避免锌的缺乏。

我国营养学会2000年DRIs提出的每天推荐摄入量为:6个月以内的婴儿1.5 mg,7个月～1岁为8 mg,1～3岁为9 mg,4～6岁为12 mg,7～10岁为13.5 mg,11～17岁为18～19 mg(男)和15～15.5 mg(女)。

青少年的生长发育十分迅速,各个器官逐渐发育成熟,思维活跃,记忆力最强,是一生中长身体、长知识的重要时期,故营养一定要供应充足。

资料链接

儿童缺锌的10个表现

1. 食欲减退:挑食、厌食、拒食,普遍食量减少,孩子没有饥饿感,不主动进食;

2. 乱吃奇奇怪怪的东西。比如:咬指甲、衣物、啃玩具、硬物、吃头发、纸屑、生米、墙灰、泥土、沙石等;

3. 生长发育缓慢,身高比同龄组的低3～6厘米,体重轻2～3公斤;

4. 免疫力低下,经常感冒发烧,反复呼吸道感染如:扁桃体炎、支气管炎、肺炎、出虚汗、睡觉盗汗等;

5. 指甲出现白斑,手指长倒刺,出现地图舌(舌头表面有不规则的红白相间图形);

6. 多动、反应慢、注意力不集中、学习能力差;

7. 视力问题:视力下降,容易导致夜视困难、近视、远视、散光等;

8. 皮肤损害:出现外伤时,伤口不容易愈合;易患皮炎、顽固性湿疹;

9. 青春期性发育迟缓,如:男性生殖器睾丸与阴茎过小,睾丸酮含量低,性功能低下;女性乳房发育及月经来潮晚;男女阴毛皆出现晚等;

10. 口腔溃疡反复发作。

第三节　维生素过多症

● 案例 ●

河北的欣欣有一次将复合维生素咀嚼片当糖吃了近20片,浑身发红发烫。面部有轻微小出血点。妈妈发现后很担心,本来一天只能吃一片,现在一下子吃了这么多片,孩子会生病吗?

与营养缺乏相反,现在的家长们有的会给自己的孩子补充大量的维生素,目的当然是希望自己的宝宝能够健健康康地成长,但是很多家长们却不知道,给孩子补充过多的维生素不仅不会给宝宝带来好处,还可能造成维生素过多症。

维生素分为水溶性和脂溶性两种,水溶性维生素服用后可以随着尿液排出体外,毒性较小,但大量服用仍可损伤人体器官。脂溶性维生素摄入过多,又不能通过尿液直接排出体外,容易在体内大量蓄积引起中毒。例如服用维生素D时,有人曾把1滴、2滴的单位误以为是1 ml、2 ml,于是产生过多症。所以,补充维生素要适量,尤其对补充脂溶性维生素(维生素A、D、E、K)更要谨慎。

一、维生素A过多症

大量服用维生素A,数个小时,会出现颅内压增高症,表现有头痛、呕吐、嗜睡、复视等,急性中毒可于1.5～2天症状消失。长期服用过量维生素A,会出现食欲不振、手脚肿胀、脱毛、肝肿大等慢性症状。中毒量有很大的个人差异,婴儿一日剂量超过90 mg,就会发生急性中毒。婴幼儿维生素A过多症的一般性症状表现为烦躁不安和厌食。还表现为皮肤粗糙干燥,有皮脂溢出样的皮疹或散在于全身的斑丘疹。也有的患儿表现为皮肤薄而发亮,伴片状脱皮或掉屑,毛发稀少而枯干,掉发。婴儿因前囟未闭合多表现为前囟饱满,甚者有骨缝离开,患儿常因头痛而哭闹。只要停止服用,症状大都可立即消失。

二、维生素D过多症

长期服用维生素D达数万单位以上,就会发生中毒,主要症状是血中钙质提高、食欲不振、体重停止增加、喝水多、便秘,从X光片中,可看到骨端有大量的钙质沉积现象。

三、维生素C过多症

有人在发生感冒时服用维生素C以增强抵抗力,然而,如果剂量超过每次1 g,就会在增强机体免疫力的同时,也为病毒的生长提供养料,反而得不偿失。维生素C过多症的症状主要有:腹泻、皮疹、胃酸增多、泌尿系统结石等。

四、维生素K过多症

为了预防新生儿或未成熟儿出血疾病,往往需注射维生素K。但如果过量,就会引起溶血,产生严重的黄疸。

第四节　儿童肥胖症

●案例●

1. 盱眙来的东东,今年才4岁,因为太爱吃,身高108厘米的他,体重已经长到了100斤(正常5周岁儿童的体重应该在33～42斤)!因为年纪太小,很多减肥方法对东东都无效,省人民医院多科会诊后,决定下周为东东进行手术减肥。与营养不良相反,这是一种长期能量摄入超过消耗,活动过少,导致体内脂肪积聚过多而造成的疾病。

2. 10个月的宝宝,正常体重应在8公斤～10公斤,可在市区黄龙的一个男孩儿乐乐体重已达到了18.5公斤,在同龄宝宝中俨然是个"小巨人"。

3. 印度肥胖婴儿洛克曼在家属的帮助下到加尔各答的医院接受治疗。目前只有11个月大的小洛克曼体重有22公斤,每天要喝下5升牛奶、吃掉1公斤粮食。医生们猜测他患有少见的内分泌紊乱疾病。

体重超过按身高计算的平均标准体重20%,或者超过按年龄计算的平均标准体重加上两个标准差以上时,即为肥胖症。

(一)病因

1. 多食

与母乳喂养相比,人工喂养的婴儿,易喂哺过量,胖娃娃比较多见。喂牛奶要加糖,往往糖加得多,引起小儿口渴,家长误把渴当饥饿,又给孩子喂食,摄入食量过多。此外,已进入幼儿期的孩子,如果零食摄入过多,摄入的热量已超过消耗量了。

2. 缺乏适宜运动

由于运动时心肺负荷过重,绝大多数肥胖儿都不喜欢运动,造成剩余脂肪不能消耗而大量堆积,致使肥胖加重,运动负荷更大,更不喜欢运动。形成恶性循环。

3. 遗传因素

双亲均为肥胖者,子女中有70%～80%的人表现为肥胖,双亲之一(特别是母亲)为肥胖者,子女中有40%的人较胖。研究表明遗传因素对肥胖形成的作用占20%～40%。

4. 心理因素

受到精神创伤或心理异常的小儿可有异常的食欲,导致肥胖症。

5. 内分泌功能紊乱

这是中枢神经系统疾病或原因不明的综合征,其特点为脂肪分布不均匀,并伴有其他方面的病变。

(二)临床症状和体征

近年来我国儿童的肥胖率不断呈上升趋势,据报道,我国有1 200万肥胖儿童和青少年。经研究发现儿童肥胖症与成人肥胖症、冠心病、高血压、糖尿病等有一定关联,故应及早重视并加以预防。3～6岁儿童比较容易发生肥胖症,这些孩子的智力发育正常,性发育一般也正常或者提前发育。肥胖可导致某些器官、系统功能性损伤,活动能力及体质水平下降,也会对儿童的精神、心理也会造成严重损伤。精神损伤在短期内常不易察觉,实际上比生理损害严重得多,一般肥胖儿的个性、气质和能力的发展均有不同程度压抑,肥胖发生越早,对其心理压抑越大,丧失自信心,易发生比较激烈的心理冲突。这一现象已成为威胁儿童成长的一个重要健康问题。

(三)防治措施

1. 小儿肥胖症的治疗,最主要的是饮食控制,具体方法如下:孕期妈妈注意避免营养过度和体重增加过多。围产期保健应包括婴儿喂养的指导,强调母乳喂养的好处,给予母乳喂养的正确指导,并宣传过度喂养的危害。4个月后再添加固体食物。每月按时测量体重,如果发现宝宝体重增长过速,妈妈要少给、晚给固体食物,尤其是谷类,多给宝宝吃水果和蔬菜。在宝宝早期要培养良好的进食习惯、养成规律的生活制度,避免过度喂养。

2. 适当运动,持之以恒。应提高患儿对各种体育活动的兴趣,运动时间逐渐增加。应避免剧烈运动,以免使食欲激增。

3. 对情绪创伤或心理异常者应给予更多的关爱,耐心劝导,找到导致情绪低落的原因并加以开导。

4. 因内分泌等疾病所致的肥胖症,应针对病因进行治疗。

【思考题】

1. 简述婴幼儿营养不良的病因及营养不良的分度。

2. 简述婴幼儿肥胖的危害性及怎样预防。

3. 简述佝偻病的症状及防治。

4. 简述缺铁性贫血的症状及预防措施。

【拓展训练】

为3～6岁患肥胖症的幼儿在饮食及生活方面提出科学建议。

第 十 章

婴幼儿膳食调查、计算与评价

- 了解膳食调查的目的与意义
- 掌握婴幼儿膳食调查的方法及调查结果评价
- 能够应用膳食调查方法展开(开展)调查工作

资料链接

　　膳食调查是营养师常用的工作技能。我国在1959年、1982年、1992年和2002年分别开展过四次大型的膳食调查。通过开展全国性膳食调查和评价,全面分析和了解了我国人群的膳食营养状况,发现了国民在膳食营养中存在的问题。通过分析我国人群膳食结构的变化趋势,提出了相关的政策建议,为政府制定营养改善策略和行动计划提供了依据。这些工作都是在膳食调查结果的基础上进行的。

第一节　膳食调查

一、膳食调查的概念

　　通过对群体或者个体每天进餐次数,摄入食物的种类和数量等调查,再根据食物成分表计算出每人每日摄入的能量和其他营养素,然后与推荐供给标准进行比较,评定其营养需要得到满足的程度。

二、膳食调查的目的

① 了解个体或群体营养需要满足的程度。

② 为国家制定膳食营养相关政策提供依据。

③ 引导食品工业的发展方向。

④ 为营养教育部门有针对性的进行营养教育提供基础的数据资料。

三、膳食调查的内容

① 调查期间每人每日所吃的食物品种、数量,这是膳食调查最基本的资料。

② 了解烹调加工方法对维生素保存的影响等。

③ 注意饮食制度、医学教育网搜集整理餐次分配是否合理。

④ 过去膳食情况、饮食习惯等,以及调查对象生理状况,是否有慢性病影响等。

四、膳食调查的意义

① 调查每日所供给的食物量,是否满足婴幼儿一日所需要的热量和营养素。

② 计算各种营养素数量和热能摄入量。

③ 分析每日膳食内容是否合理,构成比例是否恰当,膳食结构是否科学。

④ 婴幼儿发育的体格是否良好,经过体格检查,尤其身高、体重等形态指标的测量以及营养缺乏病和调查中可以评价。(这是营养状况的评价内容,不属于膳食调查,删除。)

⑤ 调查饮食制度、餐次分配、烹调方法及其他与营养膳食相关内容是否合理。

五、膳食调查的对象

选择调查的对象具有代表性。选择范围可分两种:一种是不分年龄,单一或集体性的调查;另一种是抽样调查。

第二节　膳食调查的方法

膳食调查方法一般有三种,即称重法、记账法、24小时回顾法。

一、称重法

称重法又叫称量法,是运用日常的各种测量工具对食物量进行准确称重,了解该调查对象调查期间的食物消耗量,从而计算出每人每日的营养素摄入量的方法。

适用对象:集体食堂、单位、家庭及个人膳食调查。

调查时间:连续调查一周或不少于3天,一般3～4天。

操作方式:在每餐使用前后对各种食物进行记录并称量。

食物量：准确称量。

关键：① 掌握各种食物的生熟比；② 准确称量个人所摄入的熟食。

优点：准确细致，可获得可靠的食物摄入量。

缺点：繁琐，对调查员技术要求高；在外就餐时调查较困难；调查可能影响日常的饮食模式；配合程度差等；不适合大规模调查。

二、记账法

记账法是根据账目的记录得到调查对象的膳食情况来进行营养评价的一种膳食调查方法，它是最早、最常用的膳食调查方法。

适用对象：集体食堂、单位及家庭膳食调查。

调查时间：较长，如1月或更长。

操作方式：记录一段时期内的食物消耗总量。

食物量：食物实际消耗量＝食物最初库存＋每日购入量－每日废弃量－剩余总量。

关键：① 食物账目精确；② 每餐用餐人数统计确实。

优点：手续简单、耗费人力少、适用于大样本，可做较长时期调查。

缺点：不够准确，只得到人均摄入量，难以分析个体膳食状况。

三、24小时回顾法

24小时回顾法是通过询问的方法，使被调查对象回顾和描述在调查时刻以前24小时内摄入的所有食物的数量和种类，借助食物模型、家用量具或食物图谱对其食物摄入进行计算和评价。

适用对象：个体调查和特种人群的调查，一般在7～75岁之间。

调查时间：24小时（从最后一餐吃东西开始向前推24小时），或2×24、3×24小时。

操作方式：询问调查个体在前一日或数日所有消耗的食物量（包括在外就餐和零食点心等），可以面对面或电话调查。

食物量：通过家用量具、实物模型或实物图片进行估计。

关键：调查技巧及调查员素质。

优点：可进行具有代表性的调查，且样本量大，费用低，应答率高。

缺点：调查员之间的偏倚较大；准确性较低，容易低估食物摄入量。

资料链接

称重法VS记账法

称重法适用于个人和家庭或团体的膳食调查。称重法能够准确反映调查对象的食物摄取情况，也能看出一日三餐食物的分配情况，但花费人力和时间较多，不适合大规模的营养调查。

　　记账法适用于有详细账目的集体单位的膳食调查。记账法的优点在于操作较简单,费用低,人力少,可适用于大样本;在记录精确和每餐用餐人数统计确实的情况下,能够得到较准确的结果;此法较少依赖记账人员的记忆,食物遗漏少;伙食单位的工作人员经过短期培训可以掌握这种方法,能定期自行调查。其缺点是调查结果只能得到全家或集体中人均的摄入量,难以分析个体膳食摄入状况。与其他方法相比较,可以调查较长时期的膳食,适合于进行全年不同季节的调查。

第三节　膳食调查的计算

　　上一节介绍了最基本的三种膳食调查的方法,接下来将依照现实中统计的实例运用称重法和记账法来进行操作,24小时回顾法将不做介绍。

一、膳食调查相关计算方法

1. 计算食物实际消耗量

根据记账法中统计三天内家庭的食物结存量、购进总量、废弃总量和剩余总量来计算。公式为:

$$家庭每种食物实际消耗量=食物结存量+购进总量-废弃总量-剩余总量$$

2. 计算每人每日各种食物的摄入量

$$家庭平均每人每日每种食物摄入量=实际消耗量÷家庭总人日数$$

3. 计算每人每日各种营养素的摄入量

平均每人每日营养素摄入量是根据食物成分表中各种食物的能量及营养素的含量来计算的。公式有:

$$食物中某营养素含量=[食物量(g)÷100×可食部分比例]×每百克食物中营养素含量$$
$$家庭某种营养素的总摄入量=家庭摄入所有食物中的营养素的量累加$$
$$平均每人每日某营养素摄入量=家庭某种营养素摄入量÷家庭总人日数。$$

4. 标准人的概念及计算方法

由于调查对象的年龄、性别和劳动强度有很大的差别,所以无法用营养素的平均摄入量进行相互间的比较。因此,一般将各个人群都折合成标准人进行比较。折合的方法是以体重60 kg成年男子从事轻体力劳动者为标准人,以其能量供给量2 400 kcal作为1,其他各类人员按其能量推荐量与2 400 kcal之比得出各类人的折合系数。然后,将一个群体各类人的折合系数乘以其人日数之和被其他总人日数除即得出该人群折合标准人的系数。标准人日计算公式为：

$$标准人日 = 标准人系数 \times 人日数$$

总标准人日数为全家每个人标准人日之和。

中国居民能量参考摄入量及标准人系数见表10-1。

表 10-1　中国居民能量参考摄入量及标准人系数

年龄（岁）	男		女	
	RNI（kcal/日）	标准人系数	RNI（kcal/日）	标准人系数
2～	1 200	0.50	1 150	0.48
3～	1 350	0.56	1 300	0.54
4～	1 450	0.60	1 400	0.58
5～	1 600	0.67	1 500	0.63
6～	1 700	0.71	1 600	0.67
7～	1 800	0.75	1 700	0.71
8～	1 900	0.79	1 800	0.75
9～	2 000	0.83	1 900	0.79
10～	2 100	0.88	2 000	0.83
11～	2 400	1.0	2 200	0.92
14～	2 900	1.21	2 400	1.0
18～轻体力活动	2 400	1.0	2 100	0.88
中体力活动	2 700	1.13	2 300	0.96
重体力活动	3 200	1.33	2 700	1.13
孕妇4～6个月			2 900	1.21
7～9个月			2 900	1.21
乳母			3 200	1.33
50～轻体力活动	2 300	0.96	1 900	0.79
中体力活动	2 600	1.08	2 000	0.83
重体力活动	3 100	1.29	2 200	0.92
60～轻体力活动	1 900	0.79	1 800	0.75
中体力活动	2 200	0.92	2 000	0.83
70～轻体力活动	1 900	0.79	1 700	0.71
中体力活动	2 100	0.88	1 900	0.79
80～	1 900	0.79	1 700	0.71

二、实践操作：称重法

【案例1】　某幼儿，女，3岁。要求家长记录5天内幼儿饮食各食材加工前、加工后及剩余量重量。

1. 工作准备

① 调查表

② 食物成分表

③ 食物称和称量用具

④ 计算器或计算软件

⑤ 人员培训与确定调查家庭

2. 工作程序

程序1　入户

进入一户家庭,首先向被调查对象讲明调查目的、意义,取得积极配合。

程序2　发放调查表和称量工具

详细介绍表格填写方法。

程序3　填写家庭食物量登记表中的食物编码

对照食物成分表,按照方法,把调查所得食品名称和成分表对号,填写编码。

程序4　登记家庭结存

开始调查前称量家庭结存的所有食物量(包括库存、厨房、冰箱内所有的食物),并登记在表10-2中。

表 10-2　家庭食物量登记表

家庭 ＿＿＿＿＿＿　　住址 ＿＿＿＿＿＿＿＿＿＿　　家庭成员 ＿＿＿＿＿＿

户主联系电话 ＿＿＿＿＿＿＿＿＿＿

食物编码																
食物名称	米		面		牛肉		土豆		胡萝卜		菠菜		油菜		香菇	
结存数量(g)	5 000		7 500													
日期	进购量(g)	废弃量(g)	进购量(g)	废弃量(g)	进购量(g)	废弃量(g)	进购量(g)	废弃量(g)	进购量(g)	废弃量(g)	进购量(g)	废弃量(g)	进购量(g)	废弃量(g)	进购量(g)	废弃量(g)
2日					500		500		250		600		1 500		300	
3日																
4日					250		650		300		500		850		150	
5日							100									
6日					150						350		400		100	
总量(g)	5 000		7 500		900		1 200		650		1 450		2 750		550	
剩余总量(g)	2 000		5 000		100		0		150		300		360		150	
实际耗损量(g)	3 000		1 500		800		1 200		500		1 150		2 390		400	

程序 5 登记购进量和废弃量，同时详细记录调查期间每日购入的各种食物的购进量和飞起量，登记在10-2表中。

购进总量=第一天购进量+第二天购进量+…+第五天购进量

废弃总量=第一天废弃量+第二天废弃量+…+第五天废弃量

程序 6 记录就餐人数

详细记录调查期间的每日进餐人数，登记在表10-3中，以便于统计调查期间用餐的人日数

表 10-3 家庭成员每人每日用餐登记表

家庭 _____ 住址 _____ 家庭成员 _____

户主联系电话 _____

姓　　名	王　　某			魏　　某			瑞　　瑞		
序　号*	01			02			03		
性　　别	男			女			女		
年龄（岁）	28			28			3		
工　　种	办事员			售货员			其　他		
生理状况	0			0			0		
时　　间	早	中	晚	早	中	晚	早	中	晚
8月2日	1	0	1	1	1	1	1	1	1
8月3日	0	1	1	1	1	1	1	1	1
8月4日	1	1	1	1	1	1	1	1	1
8月5日	0	0	1	1	1	1	1	1	1
8月6日	0	1	1	1	1	1	1	1	1
用餐人次总数	2	3	5	5	5	5	5	5	5
餐次比	30%	40%	30%	30%	40%	30%	30%	40%	30%
折合人日数	3.3			4.4			2.7		
总人日数	10.4								

注：① 客人序号为1～9

② 劳动强度：轻体力劳动者（一般指站位工种，如售货员、实验员、教师）；中体力劳动者（学生、司机、电工、金属制造工等）；重体力劳动者（农民、舞蹈演员、钢铁工人、运动员）；其他（无劳动能力及12岁以下儿童）

程序 7 记录剩余食物

调查结束时对所有剩余食物称重，包括库存、厨房及冰箱内的食物。并登记在表10-4中。

表 10-4 家庭食物量登记表

食物编码								
食物名称	米	面	牛肉	土豆	胡萝卜	菠菜	油菜	香菇

（续表）

日　期	进购量(g)	废弃量(g)	进购量(g)	废弃量(g)	进购量(g)	废弃量(g)	进购量(g)	废弃量(g)	进购量(g)	废弃量(g)	进购量(g)	废弃量(g)	进购量(g)	废弃量(g)	进购量(g)	废弃量(g)
结存数量(g)	5 000		7 500													
2日					500		500	50	250		600	100	1 500	150	300	50
3日																
4日					250		650	50	300	50	500	50	850	100	150	
5日									100							
6日					150						350	50	400	50	100	
总量(g)	5 000		7 500		900		1 200	100	650	50	1 450	200	2 750	300	550	50
剩余总量(g)	2 000		5 000		100		0		0		0		0		0	
实际消耗量(g)	3 000		1 500		800		1 100		600		1 250		2 450		500	

程序8　收取调查表

认真检查填写内容，并对数据真实性进行确认，不完整或存在问题的调查表均作为废表处理。收取合格调查表。

程序9　根据表格计算在调查期间家庭的各种食物的实际消耗量

实际消耗量＝食物结存量＋购进总量−废弃总量−剩余总量

程序10　根据表格计算在调查期间家庭成员就餐的人日数和总人日数

人日数是代表被调查者用餐的天数。一个人吃早、中、晚3餐为1个人日。在调查中，不一定能够收集到整个调查期间被调查者的全部进餐次数，应按照餐次比（早、中、晚三餐所摄入的实物量和能量占全天摄入量的百分比）来折算。

例如：若规定餐次比是早餐占30%，午餐占40%，晚餐占30%，如果某一家庭成员某日仅记录早餐、午餐，其当日人日数为1×30%+1×40%=0.7人日。调查期间总人日数为每天家庭总人日数之和，见表10-2。

【注意事项】

① 每餐食用前称量、记录各种食物，吃完后将剩余或废弃部分称重、扣除，得出每种食物的实际摄入量。

② 三餐之外的水果、糖果和花生、瓜子等零食也要称重并记录。

③ 在不同季节分次调查，每年四次（每季一次），至少应在春冬和夏秋各进行一次。

④ 称重法所用人力物力大，应答者必须有文化，能很好地合作。

⑤ 采用称重法调查时，由于增加了调查对象的负担，可能会导致应答率的下降而难于保持具有代表性的样本量，因此，该方法不适合大规模的调查工作，也不适合长期调查。

三、实践操作：记账法

【案例2】某幼儿园2岁托班幼儿共132人,其中男生76人,女生56人。记录此人群一个月的就餐人数,并且统计一个月内此人群幼儿伙食出库台账。

1. 准备工作

① 食物成分表、计算器或计算软件

② 相关的数据调查、计算表格

③ 培训相关调查人员

对从事调查的人员进行统一培训,使其掌握调查的程序、方法和各种数据的计算程序,明确营养评价的指标和标准。

④ 确定调查单位和时间

2. 工作程序

程序1　与膳食管理人员见面

调查现在到将来一段时间的膳食情况,可先向相关工作人员介绍调查的过程和膳食账目与进餐人员记录的要求,使其能够按照要求详细记录每日购入的食物种类、数量和进餐人数,同时也要登记调查开始时存余食物和调查结束时的剩余食物。

程序2　统计食物结存

首先了解食物的结存情况,分类别称重或询问估计所有剩余的食物。

程序3　统计进餐人数

对进餐人数应统计准确并要求按年龄、性别和工种、生理状态等分别登记,如果被调查兑现个体之间差异不大,如婴幼儿膳食调查,因食物供给量不分性别、劳动强度,进餐人数登记表设计时可以简化,见表10-5。

表 10-5　某幼儿园托班 2 岁幼儿用餐人数登记表

时　　间	早	中	晚
4月1日			
4月2日			
4月3日			
……			
4月30日			
用餐总人数			
总人日数			
折合成年男子系数			
折合成年男子总人日数			

程序4　统计食物购进数量

对调查期间购进的各种食物的量进行记录。

程序5　食物的消耗量情况计算和记录

食物的消耗量统计需逐日分类准确记录,具体写出食物名称,见表10-6。

表 10-6　食物消耗量记录表

食物名称	稻米	面粉	玉米面	牛肉末	虾仁	胡萝卜	油菜	……
结存数量								
购入食物量								
4月1日								
4月30日								
剩余数量								
废弃数量								
实际总消耗量								
备注								

根据调查所得到的资料计算在调查期间伙食单位所消耗的各种食物的总量。

程序6　计算总人日数

例如,调查某幼儿园托班的膳食情况,如果该托班三餐的能量分配为早餐:20%,午餐30% ～ 40%;晚餐30% ～ 40%,某日三餐各有100名、120名、110名幼儿用餐,那么该日的总人日数为100×20%+120×40%+110×40%=112人日。调查期间总人日数等于调查期间各天人日数总和。

程序7　核对记录结果

核对编号、项目,检查无误后,填写记录人和核对人。

程序8　编号与归档

按照序号整理调查表,用档案袋装好,写好项目号、名称、单位、日期、保存人等封存待用。

【注意事项】

① 如果食物消耗量随季节变化较大,应在不同季节内开展多次短期调查,则结果比较可靠。

② 如果被调查单位人员的劳动强度、性别、年龄等组成不同,不能以人数的平均值作为每人每日营养素摄入水平,必须用混合系数的这算法算出相应"标准人"的每人每日营养素摄入量,再做比较与评价。

③ 在调查过程中,要注意有合格资质的食品也要分别登记原料、产品及其食用数量。

④ 记账法中注意要称量各种食物的可食部。如果调查的某种食物为市品重(毛重),计算食物营养成分应按市品计算。根据需要也可以按食物成分表中各种食物可食的百分比转换成可食部数量。

⑤ 在调查期间,不要疏忽各种小杂粮和零食的登记,如绿豆、蛋类、坚果等,否则调查期间若摄入这类食物,易被漏掉。

⑥ 单纯记账法一般不能调查调味品包括油、盐等的摄入量,通常可结合食物称重法来调查这些调味品的消费种类和量。

第四节　膳食调查结果的分析及评价

一、膳食调查的评价标准

1. 食物种类多样并适量,避免食物种类单一,防止幼儿偏食

通过婴幼儿食谱中的食物种类及各类食物的量,了解食物的单一性和婴幼儿是否偏食。婴幼儿食物的种类选择根据月龄、年龄的不同参照婴幼儿膳食指南而定。婴儿时间以母乳为主,根据月龄的增长添加适当辅食。1～3岁幼儿食物种类至少5种以上。

2. "比较%"实际摄入量占供给量标准的百分比

参照"婴幼儿每日膳食中营养素供给量标准",计算婴幼儿的能量占供给量标准的百分比。满足供给量标准的90%为正常,低于90%为不足,低于80%为严重不足。日托性幼儿园中,幼儿能量及其营养素的要求占供给量的75%～80%以上为正常。

3. 三大供能营养素的来源分布

蛋白质应占总能量的12%～15%,脂肪占总能量的20%～30%,碳水化合物占总能量的50%～60%。

4. 三大能量供能比约为蛋白质：脂肪：碳水化合物=1：2.5：4。

5. 供能的食物来源分布

动物性蛋白质和豆类蛋白质占蛋白质总摄入量的50%为最好,30%以上可认为蛋白质是良好的,低于10%为差。总蛋白质摄入量达到供给量标准的80%以上时为满意。

6. 膳食级别的评定

级　别	实际摄入量占供给量标准（%）
1	90以上
2	85～89
3	80～84
4	70～79
5	70以下

1级和2级膳食中如果蛋白质摄入量占供给量80%以下,或者动物和豆类蛋白质相加的重量在中蛋白质量的30%以下时,下降一级。

二、膳食调查的分析内容

营养调查包含膳食调查、体格检查和生活检测。

膳食调查:通过连续5天的膳食调查,评价膳食中能量、蛋白质、脂肪、碳水化合物以及钙、铁、锌、维生素A、维生素D等营养素的摄入情况;

三、膳食调查的结果分析实例

1. 工作准备

准备一份一天约24 h膳食回顾调查结果,准备平均膳食宝塔图一份。下面是小班3幼儿在4月8日的进餐情况,见表10-7。小班幼儿12名男,10名女,经园内体检生长发育指数正常。

表 10-7　本班幼儿一日进餐平均量

饮 食 时 间	食 物 名 称	原 料 名 称	原 料 质 量（g）
早　餐	西红柿鸡蛋汤面 椒盐羊肝	面　片 鸡　蛋 西红柿 豆　油 生　菜 羊　肝 葱	25 30 10 6 15 15 2
午　餐	金银米饭 松仁玉米炒虾仁 蒜蓉生菜 黄瓜蘑菇汤	玉米珍 稻　米 松子仁 玉米粒 豌　豆 百　合 虾　仁 胡萝卜 黄　瓜 生　菜 大　蒜 彩　椒 蘑　菇 黄　瓜 香　菜 豆　油	5 50 5 10 10 5 45 10 10 100 2 10 5 10 1 10
午　点	红豆银耳汤 苹果	银耳 红豆 苹果	2 5 120
晚　餐	肉末腰果杂菜饭 番茄西葫芦 翡翠白玉汤	牛肉末 腰　果 稻　米 玉米粒 豌　豆 胡萝卜 黄　瓜 西葫芦 西红柿 菠　菜 豆腐(南) 香　菜 豆　油	20 10 50 10 10 10 15 80 20 15 10 1 10

2. 工作程序

程序1　食物分析

常用的分类方法是首先按《中国食物成分表》找到食物编码和分类,见表10-8。

表 10-8　常用分类方法

食物类别	质量（g）	食物类别	质量（g）
米及其制品		乳类及制品	
面及其制品		蛋类及制品	
其他谷类		植物油	
薯类		动物油	
豆类及其制品		糕点类	
蔬菜类及其制品		糖、淀粉	
水果类及其制品		食盐	
坚果类		酱油	
畜类及其制品		酱类	
禽肉类及其制品		其他	
鱼虾类			

程序2　食物归类

例如，把上例中的食物按宝塔归类，见表10-9。

表 10-9　各类食物的摄入量　　单位：（g）

食物类别	谷类	蔬菜	水果	肉、禽	蛋类	鱼虾	豆类及其制品	奶类及其制品	油脂
摄入质量	150	316	120	25	30	45	35		27
宝塔推荐质量	150	250	100	50	50	50	50	150	25

在进行食物归类时应注意，有些食物要进行折算才能相加，例如，计算乳类摄入量时，不能将鲜奶与奶粉的消费量直接相加，应按蛋白质含量将奶粉量折算成鲜奶量后再相加。各种豆制品也同样需要折算成黄豆的量，然后才能相加。

有条件可直接利用营养计算软件可得结果，以上数据利用营养分析软件得出。

程序3　食物摄入量计算填写

把食物调查表质量按归类计算并填写上表，把宝塔推荐量填入最后一行。

程序4　比较和分析

将此班幼儿24 h各类食物的消费量和相应的平衡膳食宝塔建议的量进行比较：一方面评价食物的种类是否齐全，是否做到了食物种类多样化；另一方面需要评价各类食物的消费量是否充足。在上例中，除奶类、肉类、蛋类、豆制品外，其余食物均达到膳食宝塔中低能量组的实物量要求。但其中蔬菜、油脂类摄入过多。

对当日幼儿餐次定量分析如下：

① 平均每人进食量。

食物类别	细粮	杂粮	糕点	干豆类	豆制品	蔬菜总量	绿橙菜	菌藻类	水果	干果	乳类	鲜奶酸奶	豆浆豆奶	蛋类	肉类	肝	鱼	糖	食油	食盐	调味品
数量（g）	125	25	0	25	10	316	35	7	120	15	0	0	0	30	25	15	45	0	27	0	0

② 营养素摄入量。（要求日托儿童每人每日各种营养素摄入量占DRIs（平均参考摄入量）的75%以上，混合托占80%以上，全托占90%以上）

	热量（kcal）	热量（kJ）	蛋白质	脂肪	碳水化合物	维生素A	视黄醇当量	维生素B₁	维生素B₂	维生素C	胡萝卜素	钙	铁	锌
平均每人每日	1 102.422	4 612.534	38.826	42.207	130.694	3 198.184	3 483.327	0.523	0.648	34.186	1 710.791	154.733	10.928	6.545
平均参考摄入量	1 327.273	5 553.310	45		0	500	500	0.6	0.6	60	3 000	600	12	9
比较（%）	83.06	83.06	86.28		0	639.64	696.67	87.17	108	56.98	57.03	25.79	91.07	72.72

③ 热量来源分布。

		脂肪 要求	脂肪 现状	蛋白质 要求	蛋白质 现状
摄入量	（kcal）		379.86		155.3
	（kJ）		1 589.33		649.79
占总热量%		30～35	34.46	12～15	14.09

④ 蛋白质来源分布。

	优质蛋白质 要求	优质蛋白质 动物性食物	优质蛋白质 豆类
摄入量（g）	—	13	5.64
占蛋白质总量（%）	≥50%	33.47	14.51

⑤ 配餐能量结构表。

		标准（%）	平均（%）	单位	当天	
早餐		25	17.23	kcal	189.98	17.23%
				kJ	794.89	
加餐			0	kcal	0	0.00%
				kJ	0	

（续表）

	标　准（％）	平　均（％）	单　位	当　天	
午　餐	35	38.34	kcal	422.66	38.34%
			kJ	1 768.4	
午　点	5	6.48	kcal	71.39	6.48%
			kJ	298.7	
晚　餐	35	37.95	kcal	418.39	37.95%
			kJ	1 750.54	
全　天			kcal	1 102.42	
			kJ	4 612.53	

程序5　评价

① 此食谱在托所单位对幼儿膳食摄入量的要求而言,供给能量达到要求。

② 热能来源分布:蛋白质占总能量14.09%,脂肪占总能量的34.46%,碳水化合物占总能量的51.45%。

③ 三大热量营养素能量构成比蛋白质:脂肪:碳水化合物=1:2.4:3.7。

④ 从营养摄入量表可看出,维生素C、钙、锌摄入量低,而维生素A和视黄醇摄入量超出推荐量+20%。

⑤ 从餐次配比能量结构表可得出,早餐能量摄入低,午餐+午点能量摄入量高出推荐比例的12%,晚餐摄入量高出推荐比例的8%。

程序6　建议

按照以上分析结果,给出建议是:

① 应适量增加奶类食品的摄入。

② 适当降低油脂摄入量,增加碳水化合物量。

③ 适当增加富含锌、钙的食品,如奶类、坚果类、鱼类等富含钙和锌的食物,防治幼儿出现两腿抽筋、食欲不振等症状。

④ 继续保持充足的水果和蔬菜,适当增加薯类的摄入量。

3. 注意事项

① 在进行食物归类时应注意有些事物,如奶制品和豆制品需要进行折算才能相加。

② 平衡膳食宝塔建议的各类食物摄入量是一个平均值和比例,每日生活无须每天都样样照此,但是要经常遵循宝塔各层各类食物的大体比例。

③ 平衡膳食宝塔给出了一天中各类食物摄入量的建议,还要注意合理分配三餐食量。三餐食物量的分配及间隔时间应与作息时间和劳动状况相匹配。

④ 以上分析只举例婴幼儿一天食物摄入量的计算,一般托所婴幼儿的膳食调查多建议记录两周至一个月的摄入情况进行平均计算和评价,可以从一个月中的膳食分析中了解近期幼儿在园普遍存在问题,并能及时与家长、幼儿园工作人员进行沟通,调整食谱。

资料链接

群 体 评 价

群体评价主要是评估人群中摄入不足或摄入过多的流行情况，以及人群间摄入量的差别。

方法是比较日常营养素摄入量与需要量来评估摄入不足。对于有EAR的营养素，摄入量低于EAR者在群体中占的百分数即为摄入不足的比例数。对于有AI的营养素，只能比较群体平均摄入量或中位摄入量与AI的关系。当平均摄入量低于AI时，不能判断摄入不足的比例。

【思考题】

1. 膳食调查结果的评价包括那些方面？
2. 对于食物成分表上没有的食物，如何得到其营养素的含量？
3. 膳食调查的评价与食谱制定的评价区别在哪？

【参考文献】

1. 石淑华.儿童保健学.北京：人民卫生出版社.第二版,2010

2. 麦少美.学前卫生学.上海：复旦大学出版社.第二版,2009

3. 杨月欣等.中国居民食物成分表2002.北京：北京大学医学出版社,2002

4. 杨月欣等.中国居民食物成分表2007.北京：北京大学医学出版社,2007

5. 杨月欣等.中国居民食物成分表2009.北京：北京大学医学出版社,2009

6. 葛可佑.中国营养科学全书·基础营养卷.北京：人民卫生出版社,2004

7. 葛可佑.中国营养师培训教材.北京：人民卫生出版社,2008

8. 中国营养学会.中国居民膳食营养素参考摄入量.北京：中国轻工业出版社,2000

9. 刘迎接,贺永琴等.学前营养学.上海：复旦大学出版社,2010

10. 范志红等.食物营养与配餐.北京：中国农业大学出版社,2010

11. 中国营养学会.中国居民膳食营养素参考摄入量.北京：中国轻工业出版社,2000

12. 陈丙卿.营养与食品卫生学.北京：人民卫生出版社,1999

13. 葛可佑.公共营养师基础知识.北京：中国劳动社会保障出版社,2007

14. 孙长颢.营养与食品卫生学.北京：人民卫生出版社,2008

15. 赵霖等.营养配餐员.北京：中国劳动社会保障出版社,2002

16. 张兰香、潘秀萍等,学前儿童卫生与保健.北京：北京师范大学出版社,2011

17. 江琳.浅谈幼儿饮食生活中的课程资源及其开发.学前教育研究.2007（2）

18. 柴一兵.婴幼儿食品安全通用手册.西安：第四军医大学出版社,2009

19. 万钫等.学前卫生学.北京：北京师范大学出版社,2007

20. 靳国章等.饮食营养与安全.北京：清华大学出版社,2013

21. 将一方、贺永琴等.0～3岁婴幼儿营养与喂养.上海：复旦大学出版社,2014

22. 劳动和社会保障部,中国就业培训技术指导中心.育婴师.北京：中国劳动社会保障出版社,
    2006

23. 李炜、朱薇娜等.学前卫生学.天津：南开大学出版社,2012

24. 唐仪、刘冬生.实用妇儿营养学.北京：中国医药科技出版社,2001

25. 郦燕君.幼儿卫生保健.北京：北京师范大学出版社,2012

26. 朱家雄.学前儿童卫生学.上海：华东师范大学出版社,2006

27. 何广贤.儿童食疗.广州：羊城晚报出版社,2008

28. Rayman妈妈.宝宝常见病预防调养食谱.北京：中国妇女出版社,2010

29. 吴坤.营养与食品卫生学.第5版.北京：人民卫生出版社,2003

30. 周小玉等.173名家长婴幼儿喂养行为现状调查.中国农村卫生事业管理,2008

图书在版编目(CIP)数据

婴幼儿营养与配餐/丁春锁,孙莹主编. —上海:复旦大学出版社,2016.1(2024.6重印)
ISBN 978-7-309-12021-9

Ⅰ. 婴… Ⅱ. ①丁…②孙… Ⅲ. 婴幼儿-保健-食谱-幼儿师范学校-教材 Ⅳ. TS972.162

中国版本图书馆 CIP 数据核字(2015)第 306705 号

婴幼儿营养与配餐
丁春锁 孙 莹 主编
责任编辑/查 莉

复旦大学出版社有限公司出版发行
上海市国权路 579 号 邮编:200433
网址:fupnet@ fudanpress.com http://www.fudanpress.com
门市零售:86-21-65102580 团体订购:86-21-65104505
出版部电话:86-21-65642845
浙江临安曙光印务有限公司

开本 890 毫米×1240 毫米 1/16 印张 9.5 字数 225 千字
2024 年 6 月第 1 版第 9 次印刷
印数 33 801—37 900

ISBN 978-7-309-12021-9/T・557
定价:38.00 元